可 再 生 能 源 应 用 系 列

可再生能源发电系统

车孝轩　著

WUHAN UNIVERSITY PRESS
武汉大学出版社

图书在版编目(CIP)数据

可再生能源发电系统/车孝轩著. —武汉:武汉大学出版社,2023.9
可再生能源应用系列
ISBN 978-7-307-20861-2

Ⅰ.可…　Ⅱ.车…　Ⅲ.再生能源—发电—研究　Ⅳ.TM619

中国版本图书馆 CIP 数据核字(2019)第 076064 号

责任编辑:谢文涛　　　责任校对:李孟潇　　　版式设计:马　佳

出版发行:**武汉大学出版社**　　(430072　武昌　珞珈山)
　　　　　(电子邮箱:cbs22@whu.edu.cn 网址:www.wdp.com.cn)
印刷:武汉中科兴业印务有限公司
开本:787×1092　1/16　印张:10.5　字数:249 千字　插页:1
版次:2023 年 9 月第 1 版　　2023 年 9 月第 1 次印刷
ISBN 978-7-307-20861-2　　定价:49.00 元

2023. 4

推 薦 状

東京理科大学名誉教授

元日本太陽エネルギー学会会長

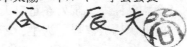

　我々は、科学・技術の進展によって、豊かな生活を享受することになったが、経済性や効率を重視するあまり、地球環境問題、エネルギー問題という大きな課題に直面しております。日本において、東日本大震災の後、現在原子力発電所が数か所を除いてストップしている状態です。この代わりに、火力発電所を再稼働し、電力を賄っているのが現状です。

　中国の電源構成は石炭発電が中心となっており、環境汚染が大きな問題です。「中国再生可能エネルギー十三五計画」により、2030年まで非化石エネルギーによる消費量は一次エネルギーの20%に占め、2050年までには全電力の82%を非化石電源にするということです。

　この計画を実現するため、地球環境問題、エネルギー問題を解決するには、再生可能エネルギーの利用が不可欠です。また人々の環境、エネルギーに対する関心や意識を高める必要があります。特に若手技術者の育成は最重要課題の一つです。

　本シリーズでは、これらの要求に応えるため執筆され、太陽光発電システム、再生可能エネルギー発電システム、および分散型発電システムの3部から構成され、最新技術や応用事例を多く取り入れ、発電システム構成や特長が明瞭に記され、内容を平易に書くことに心がけており、高校生以上の読者に十分読みこなすことができるように配慮しています。学生の環境・エネルギーの教材として、また技術者・研究者の文献、参考書として十分活用できると思います。

　本シリーズは必ずや人々の環境、エネルギー問題に対する意識向上や技術者に大いに貢献すると確信し、推薦致します

推 荐 信

由于科学技术的进步，我们正享受着富裕的生活，但因人们过于重视经济性和效率，所以正面临地球环境问题、能源问题等重大课题。东日本大地震后，除了几座核电站在发电外，其余均已停发，现处在重启火力发电以满足电力需要的状态。

中国的电源构成以煤电为主，环境污染是一大问题。根据"中国可再生能源十三五规划"，到 2030 年非化石能源的消费量将占一次能源的 20%，到 2050 年非化石电源将占总电源的 82%。

为了实现上述规划，解决地球环境问题、能源问题，因此必须利用可再生能源。此外，提高人们对环境、能源的关心和意识也非常必要，特别是培养年轻科技工作者也是最重要的课题之一。

为了满足上述的需要，著者特编著了这套丛书，该丛书由《太阳能光伏发电系统》、《可再生能源发电系统》以及《分布能源发电系统》3 册构成。在编著过程中，著者力求介绍最新技术和应用事例，简明介绍发电系统的构成、特点等，内容通俗易懂以满足高中以上读者的需要。本丛书可作为学生的教材、技术工作者以及研究人员的文献、参考书使用。

本丛书将会对提高人们的环境和能源问题的意识、技术者有所贡献，特为读者推荐此书。

东京理科大学名誉教授
原日本太阳能学会会长
谷辰夫
2023 年 4 月

前　言

现在，人类享受着丰富的物质文明，这种文明使人口爆发式增长，而人口的增长需要发展经济，发展经济又会导致化石能源的消费不断增加，形成了恶性循环。而化石能源是有限的，总有一天会枯竭，大量消费化石能源会破坏地球环境，导致地球表面的温度上升，出现温室效应，严重威胁人类的生存和安全。

为了从根本上解决上述问题，从依赖化石能源向利用可再生能源转型，在全球范围普及利用取之不尽、用之不竭、清洁无污染的可再生能源是非常必要的，只有这样才能解决能源短缺、经济发展以及环境破坏等问题。

根据国家发展改革委和国家能源局发布的《电力发展"十三五"规划》，截至 2015 年底，我国非化石能源装机容量占比已达到 35%，在一次能源消费中的比重已达到 12%。全国发电装机容量达 15.3 亿千瓦，其中水电 3.2 亿千瓦（含抽水蓄能 0.23 亿千瓦），风电 1.31 亿千瓦，太阳能发电 0.42 亿千瓦，生物质能发电 0.13 亿千瓦。可见，我国在可再生能源的利用和普及方面已经取得了很大的发展，成绩举世瞩目。

《电力发展"十三五"规划》提出，到 2020 年，非化石能源发电装机容量将达到 7.8 亿千瓦左右，占比约 39%，非化石能源在一次能源消费中的比重将达到 15% 左右。全国发电装机容量达 20 亿千瓦，年均增长 5.5%，全国风电装机容量将达到 2.1 亿千瓦以上，太阳能发电装机容量达 1.1 亿千瓦以上，生物质能发电装机容量 0.15 亿千瓦左右。由该规划可见，十三五期间我国将大力发展风电、太阳能发电、生物质能发电、高温地热发电、海洋能发电、储能、微网以及"互联网+"智能电网等。这必将为可再生能源的应用和普及提供难得的机遇。

近来，可再生能源发电越来越得到人们的理解和重视，为了进一步提高人们的环保和能源意识，满足一般读者、科技工作者等的需要，大力普及可再生能源发电的知识，积极推进可再生能源发电的应用和普及，特编写了可再生能源应用系列丛书。该丛书由《太阳能光伏发电系统》《可再生能源发电系统》以及《分布能源发电系统》共 3 册构成，内容包括目前世界的最新技术、科研成果和应用实例等。在编写过程中遵循简明、易读、实用的原则。希望该系列丛书能为解决能源、经济以及环境等问题尽微薄之力。

《可再生能源发电系统》主要介绍太阳能发电、风力发电、小水力发电、海洋能发电、地热发电以及生物质能发电等，内容主要包括可再生能源资源、发电原理、系统构成、种类、特点、应用等。除此之外，本书还简单介绍了储能系统、地域型太阳能光伏发电系统、微网以及智能电网等，以及这些发电系统在可再生能源发电系统中的应用。

本丛书得到原日本太阳能学会会长、原东京理科大学教授谷辰夫先生的推荐，在此深表谢意！

在本丛书的编写过程中，陈惠老师参与了校对工作，在此一并表示感谢。

车孝轩

2023 年 4 月

目　　录

第1章 可再生能源总论

可再生能源是自然界可以不断再生的能源，是自然资源的一部分。主要有太阳能、风能、水能、波能、潮汐能、海洋温差能、地热以及生物质能等。可再生能源可用于发电等，主要有太阳能发电、风力发电、水力发电、波能发电、地热发电、生物质能发电等，其资源丰富、清洁无污染，将来可代替化石燃料等发电，成为主力电源，目前正在大力推广、迅速普及。

本章介绍可再生能源的种类、能源的转换、发电现状与未来等内容。

1.1 能源与能量

我们每天都在使用能源，如家电、手机、交通工具等，但从地球直接获得的能源并不多，而是将能源资源经转换成电能等形式加以利用。

能源是指能提供某种形式能量的物质或物质的运动。前者如煤炭、石油等，这些物质可提供热能。而物质的运动，如水、风等的运动可产生水能、风能等能源。

能源可分为一次能源和二次能源。一次能源是自然界存在的、能直接开采的能源，如煤炭、石油、天然气、地热等，现在的发电站主要使用煤炭、石油、天然气等一次能源发电。而由一次能源制成、转换的能源称为二次能源，如电力、煤油、氢气等。

能量是指物体做功的能力，它有多种多样的形态，如热能、机械能(动能、势能)、化学能(燃烧、化学反应)、电能以及光能等。热能与太阳热、地热等有关，机械能与水力、潮汐能等有关，它们之间可以进行相互转换，如光能可通过太阳能电池转换成电能等。

1.1.1 热能

自然界存在的热能有地热、海洋热以及太阳能等。热能也可通过燃烧煤炭、石油等燃料产生。地热是一种在地壳内部数十千米处的岩浆积存处存在的热能。海洋热由海水表面吸收太阳能产生，它处在海洋表层，厚度约 200m，年平均温度约 25℃，这些热能可用于海洋温差发电。

1.1.2 机械能(动能、势能)

机械能是指物体的动能或势能等能量，如雨、风、波，它们的能量源于太阳能。太阳能使海水蒸发产生雨水，流入河流的雨水可进行水力发电。在太阳能的作用下空气可形成高、低气压而产生风，风可以被用来发电。由太阳能所产生的风可以使海洋表面产生波浪，而波浪可用于波浪发电。

1.1.3　化学能(燃烧、化学反应)

化学能是物质在化学反应时发热、吸热产生的能量。利用化学反应过程中发热的现象，可将化石燃料等燃烧转换成热能，如燃烧煤炭使水加热产生蒸汽，蒸汽驱动汽轮机运转带动发电机发电。另外也可通过直接化学反应产生电能，如燃料电池可利用氧气和氢气进行化学反应产生电能。

1.1.4　光能

太阳可辐射各种波长的电磁波，光能几乎是一种可见光领域的电磁波。当光照射在半导体等材料上时，激发材料内的电子并使之变成自由电子，使这些自由电子移动便产生电能，称之为太阳能光伏发电。

1.2　能量的转换

各种能量作为动力、电力使用时，根据使用的目的需要进行转换，且转换方式多种多样，如热能转换、机械能转换、化学能转换、光能转换等。根据不同的转换方式其转换装置有内燃机、蒸汽机、水轮机、风车、燃料电池以及太阳能电池等。

1.2.1　热能转换装置

热能转换装置有两种：一种是内燃机，它利用燃烧燃料获得的高温高压"燃烧气体"产生的动力带动发电机发电；另一种是蒸汽机，它利用燃料的燃烧热、地热、海洋热等加热水所产生的高温高压"蒸汽"驱动发电机发电。

1.2.2　机械能转换装置

对于风能、水能以及波能等动能，能量转换装置比较简单，可以使用风叶、转轮等将动能转换成旋转的能量，驱动发电机发电。例如，利用水的动能(水头、流量等)使水轮机的转轮旋转，将水的能量转换成旋转的机械能，驱动发电机发电。

1.2.3　化学能转换装置

化学能转换装置有燃料电池等，将氧气和氢气送至燃料电池的电极，经化学反应产生热水和电能。人们熟知的电解也是一种化学能转换，当电流流过水时，使水分解产生氧气和氢气。利用电解装置可将太阳能光伏发电的剩余电能转换成氢气储存起来，需要时通过燃料电池发电补充不足电力。这种方法在储能领域正在被利用。

1.2.4　光能转换装置

太阳能电池是一种光电转换装置，它将太阳的光能直接转换成电能。太阳能电池由半导体材料构成，当光照射在半导体的 PN 结上时，电子被激发而产生电能，如果在太阳能电池的正、负极间接上负载，则电流流过负载，为负载提供电能。

1.3 可再生能源

可再生能源是自然界所存在或具有的能源，它在自然界可以循环再生，所以称为可再生能源。可再生能源主要有太阳光能、太阳热能、风能、水能、波能、潮汐能、海洋温差能、地热能、生物质能等。它具有可重复使用、清洁、无污染等特点，是一种取之不尽、用之不竭的能源。

化石能源是指煤炭、石油、天然气等能源，是一种不可再生的能源。据 2013 年的资料统计，世界能源资源的可采年数为：煤炭 113 年，石油 53 年，天然气 55 年，铀 67 年。除此之外，我国的页岩气的蕴藏量约为 36.1 兆立方米，可燃冰储量也相当可观，但这些资源是有限的，总有一天会枯竭。我国主要利用煤炭、石油等化石能源发电，称为火力发电，其发电量约占总发电量的 70%，这种发电方式不仅面临资源枯竭，而且发电时会排放大量污染物，造成环境严重污染。

为解决经济发展、能源短缺、生态环境(大气污染、温室效应、地球变暖等)等问题，人们已不得不认真考虑如何推动可再生能源利用的研究、产业发展、有效利用、大力普及等问题。

1.3.1 全球可再生能源发电

图 1.1 为全球可再生能源发电总装机容量。截至 2017 年底，全球可再生能源发电总装机容量达到 2179GW，同比增加近 8.3%，最近几年，可再生能源装机容量保持 8%~9% 的年均增长率。2017 年太阳能光伏发电装机容量增长 94GW，同比增长 32%，累计装机容量为 397GW。风电装机容量增长 47GW，同比增长 10%，累计装机容量为 514GW。水电装机容量增长 21GW，同比增长 2%，累计装机容量为 1152GW。生物质能装机容量增长 5GW，同比增长 5%，累计装机容量为 108GW。地热能装机容量增长不足 1GW，累计装

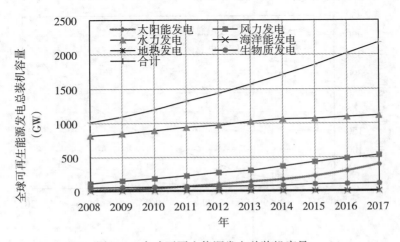

图 1.1 全球可再生能源发电总装机容量

机容量为 13GW。可见可再生能源的装机容量在持续增加，并占有重要地位。

我国虽然火电总装机容量仍约占全国电力总装机容量的 2/3，但可再生能源电力总装机容量的比例正在不断提高。我国正在实现能源转型发展，到 2020 年非化石能源占一次能源消费比重将达到 15%，风力发电、太阳能等可再生能源从补充能源向替代能源转变。可再生能源发电总装机容量要达到 750GW 以上，占电力装机容量的 40% 以上，占总发电量的 30% 以上，其中风力发电装机容量达到 200~250GW，太阳能光伏发电装机容量达到 100~150GW。

1.3.2　太阳能

太阳表面所释放的能量约相当于 $3.8\times10^{22}kW$ 的电能，到达地球大气层外的太阳能总量约为 $173\times10^{12}kW$，辐射至地球的太阳能有约 30%（$52\times10^{12}kW$）由于反射而损失，剩下的约 70%（$121\times10^{12}kW$）的太阳能中有约 67%（$81\times10^{12}kW$）被大气、地表以及海面吸收转换成热能，约 33%（$40\times10^{12}kW$）被用于蒸发、对流、降雨、流水等流体循环。

人们推测太阳的寿命至少还有 50 亿年以上。由于太阳的能量巨大、取之不尽、用之不竭、清洁无污染，是一种非常理想的能源，所以可充分利用太阳能以解决能源供给、经济发展以及环境污染等问题。

太阳能光伏发电是利用太阳能的方式之一，该发电利用太阳的光能发电。截至 2017 年年底，全球太阳能光伏发电总装机容量已达 397GW，与 2016 年相比新增装机容量 102GW，增长了约 34.3%，是 2007 年的 44 倍。我国 2017 年太阳能光伏发电新增装机容量约 53GW，新增装机容量为全球新增装机容量的一半，总装机容量达 130.4GW，同比增长 68%，可见我国的太阳能光伏发电装机容量得到了很大的发展。

图 1.2 所示为太阳能光伏发电总装机容量。由图可知，截至 2017 年底，我国的装机容量约占全球的 32.8%，即约占全球的 1/3，居世界第一位。预计到 2020 年总装机容量将达到 150~200GW，到 2030 年总装机容量将达到 400GW。

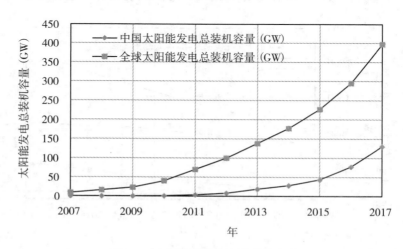

图 1.2　太阳能光伏发电总装机容量

1.3.3 风能

风能是一种清洁的可再生能源,地球上的风能资源非常丰富,全球的风能约为 $2.74×10^9$ MW,其中可利用的风能约为 $2×10^7$ MW。我国可开发利用的风能储量约为 $10×10^9$ kW,其中,陆地上约为 $2.53×10^9$ kW,海上约为 7.5 亿 kW,我国的风能资源非常丰富,可进行有效开发利用。

图 1.3 所示为风力发电总装机容量。全球利用风能资源进行发电已得到了较大的发展,截至 2017 年,全球风力发电总装机容量约 534GW,与 2016 年相比,新增装机容量约 47GW,增长了近 10%。我国 2017 年底的风力发电总装机容量为 183.7GW,与 2016 年相比,新增装机容量约 15GW,增长了近 8.9%。我国的风力发电总装机容量约占全球的 34.4%,即占全球的 1/3 以上。

风力发电是我国可再生能源发电的第二大来源,在新增装机容量方面名列全球第一,遥遥领先于其他国家。预计我国到 2020 年风力发电总装机容量将达到 200~250GW,年发电量达到 5000 亿千瓦时。到 2030 年风力发电总装机容量将达到 500GW,年发电量达到 1 万亿千瓦时。

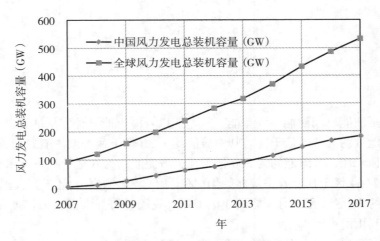

图 1.3 风力发电总装机容量

1.3.4 水能

雨水、融化的雪水来自太阳能,因此水是一种自然资源。水能是指水体的动能、势能和压力能,是一种可再生能源。水能可用于水力发电,即水轮机在水的势能和动能等的作用下旋转,然后带动发电机旋转产生电能。

据估算,世界的水资源大约为 16 兆千瓦时,世界平均开发率约为 20%,如果开发地球上的全部水能,可以满足世界电力需要的 80% 左右。我国可开发装机容量约为 6.6 亿千瓦,年发电量约 3 万亿千瓦时。水电装机容量和年发电量已突破 3 亿千瓦和 1 万亿千瓦时。

图 1.4 为全球水力发电总装机容量。截至 2017 年底，全球水电总装机容量约为 1152GW，新增水电装机容量为 21GW。我国水电总装机容量已达 362.4GW，占全球水电总装机容量的约 31%，水电装机容量和发电量均居世界第一。预计到 2020 年水电总装机容量将达到 360~370GW，到 2030 年将达到 450~500GW，到 2050 年水电装机容量还将持续增长。

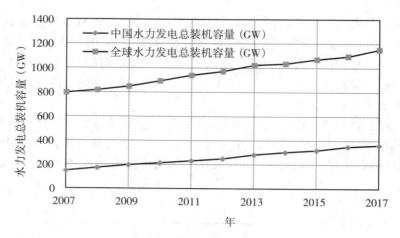

图 1.4　全球水力发电总装机容量

1.3.5　海洋能

海洋能包括波能、潮汐能、温差能、盐差能以及海流能五种，据估算，全球五种海洋能理论上的总能量约为 766 亿千瓦。其中波能约为 30 亿千瓦，潮汐能约为 30 亿千瓦，温差能约为 400 亿千瓦，盐差能约为 300 亿千瓦，海流能约为 6 亿千瓦。技术上可被开发利用的总能量约为 64 亿千瓦，其中波能约 10 亿千瓦，潮汐能约 1 亿千瓦，温差能约 20 亿千瓦，盐差能约 30 亿千瓦，海流能约 3 亿千瓦。我国是海洋大国，海洋能资源总量近 30 亿千瓦，开发利用潜力巨大。

海洋能具有蕴藏丰富、分布广、可再生、清洁无污染、能量密度低、地域性强等特点，目前开发利用受到一定的局限，存在成本高、技术难等问题，主要被用于发电。利用海洋能发电的方式多种多样，主要有海洋波浪发电、海洋潮汐发电以及海洋温差发电等。有效地利用海洋能进行发电，对于人类满足自身的能源需求、改善地球环境非常重要。

截至 2017 年年底，全球海洋能发电总装机容量约为 530MW，预计到 2050 年全球海洋能装机容量将达 748GW。目前海洋能发电主要是潮汐发电。由于大部分海洋能发电技术仍处于验证阶段，海洋能的商业市场尚未真正得到开发。到目前为止，潮汐能和波能发电技术比较成熟，应用较多。

截至 2017 年年底我国已建成总装机容量约 5 万千瓦的各类海洋能电站，计划到 2020 年建设兆瓦级潮流能并网示范基地以及 500 千瓦级波能示范基地，启动万千瓦级潮汐能示范工程建设，建设 5 个以上海岛海洋能与风能、太阳能等多能互补独立电力系统，显著提升海洋能开发利用水平。

1. 波能

波能(又称波浪能)指蕴藏在海面波浪中的动能和位能,是一种海水上下、前行运动的能量。波能主要由海面上的风浪所产生,由于风由太阳能产生,所以波能由太阳能间接产生,也属于可再生能源。

将波能转换成电能称为波能发电(又称波力发电、波浪发电),如前所述,全球波能理论上的总能量约为 30 亿千瓦,可被开发利用的波能约为 10 亿~20 亿千瓦,波浪发电是继潮汐发电之后发展最快的一种海洋能利用方式。我国近海离岸 20km 以内的波能理论装机容量约为 1599 万千瓦,具有良好的开发应用价值,开发利用波能发电潜力巨大。如果充分开发利用波能进行发电,可为人类提供清洁无污染的能源。预计到 2020 年,我国将在山东、海南、广东各建 1 座 1000kW 级的岸式波浪发电站,推动波能发电持续健康发展。

2. 潮汐能

潮汐能是指在太阳与月亮天体之间的引潮力作用下,导致海水涨潮、落潮(退潮)过程中所产生的水位差的能量(位能)。潮汐发电利用海水涨跌时的海水的水位差,即潮汐的位能进行发电。

全球的潮汐资源十分丰富,潮汐能约为 3000GW,可利用的为 30~60GW。据预测,到 2020 年全球潮汐发电装机容量将达 1000 亿~3000 亿千瓦。我国的海岸线长约 18000km,潮汐能的理论蕴藏量约为 110GW,可开发的总装机容量约为 2179 万千瓦,年发电量可达 624 亿 kWh,因此开发和利用潮汐能对我国改善环境、保障能源供给非常重要。

由于我国可利用的潮汐能资源极其丰富,所以我国已成为世界上建造潮汐电站最多的国家,目前尚在运行的潮汐电站为 10 座,总装机容量达 6000kW,江夏潮汐试验电站是我国已建成的最大的潮汐电站,总装机容量为 3200kW,年发电量为 600 万千瓦时,居世界第三位。

3. 海洋温差能

海洋温差能是指表层海水与深层海水之间的温差所具有的能量。在某些海域,表层海水的温度为 25~30℃,而深层海水的温度为 5~7℃,海洋温差能是指这两种热源存在近20℃的温差所具有的能量。海洋温差能的利用方式之一是海洋温差发电,即利用海洋的表层海水与深层海水之间的温差所具有的能量进行发电。

太阳到达地球表面的光能约为 83.6×10^{12} kW,海洋面积约占地球表面积的 2/3。全球海洋温差能储量的理论值约为 3 万 TkW/年~9 万 TkW/年,如果在南、北纬 20 度海面上,每隔 15 公里建造一个海洋温差发电装置,理论上最大发电能力估计为 500 亿 kW 左右。

中国温差能资源蕴藏量较大,在各类海洋能资源中位居首位,这些资源主要分布在南海和台湾以东海域。南海海域辽阔,水深大于 800m 的海域为 140~150 万平方公里,表、深层水温差为 20~24℃，蕴藏着丰富的温差能资源。据初步计算，南海温差能资源理论蕴藏量为 $(1.19~1.33)×10^{19}$kJ，技术上可开发利用的能量为 $(8.33~9.31)×10^{17}$kJ，实际可供利用的装机容量达 13.21 亿 ~14.76 亿千瓦。我国台湾岛以东海域全年水温差为 20~24℃，温差能资源蕴藏量约 $2.16×10^{14}$kJ。这些温差能可用于发电。

1.3.6　地热能

地热能是地球诞生以来在地球内部产生、积存的热能，地热能可从地热积存层、岩浆积存层以及干热岩体等处获取，它以热、热水以及蒸汽的形式存在。

一般来说，地热能温度从地表向内，地下 1km 处约 45℃，地下 3km 处约 105℃，地下 5km 处约 165℃。在火山地带或地下地热地带，地下数千米处存在的高温岩浆将渗入地下的水加热，变成高温热水或蒸汽，据估算 0.1~3km 的范围为 200~300℃，4km 前后为 250~350℃，10km 前后约为 1000℃以上，可见地球内部蕴藏着巨大的热能。

地热发电利用地球内部产生的巨大热能(热水、蒸汽)发电，即利用蒸汽驱动蒸汽轮机旋转，将热能转换成机械能，然后蒸汽轮机带动发电机旋转，将机械能转换成电能。

全球地热能发电正在不断发展，市场保持稳定增长，年增长率在 4%~5%。2016 年全球地热发电装机总容量达 13.5GW，新增装机 300MW，同比增长约 2.27%。2017 年全球地热能发电新增装机容量约 644MW，总装机容量已达 14.1GW，同比增长约 7.6%，预计到 2020 年全球地热装机容量将达 25.9GW，地热发电前景广阔。

我国先后在广东丰顺、河北怀来、江西宜春等 7 个地区建设了中低温地热发电站，在西藏羊八井建设了中高温地热发电站。我国 2014 年的地热能发电总装机容量约为 27.78MW，2015 年约为 100MW，预计到 2020 年装机容量将达 530MW。目前，世界上一些国家正在积极开发利用地热资源，将地热资源用于发电、供暖、温泉、养殖、植物栽培等。

1.3.7　生物质能

生物质能在地球上大量存在，人类自远古就开始使用生物质能。由于生物质能的原始能量来源于太阳，是一种再生周期短、由动植物产生的生物资源，可通过植树造林等方法使其永不枯竭。

生物质是指利用大气、水、土地等通过光合作用而产生的各种有机体，包括植物、动物和微生物。例如，农作物、农作物废弃物、木材、木材废弃物和动物排泄物等。

生物质能是指太阳能以化学能形式储存在生物质(以生物质为载体)中的能量(植物、动物产生的资源)，称为自然资源。生物质能由绿色植物的光合作用产生，可通过直接燃烧、生物化学、热化学等方法转换为固态、液态和气态燃料，用于发电等。例如直接燃烧发电，或通过甲烷发酵技术产生沼气，用于燃料电池等发电系统发电等，利用生物质所具有的生物质能进行发电称之为生物质能发电。

生物质能仅次于煤炭、石油和天然气居第四位。世界每年产生的生物质能非常可观，为 $(1.05~2.07)×10^{12}$吨，经换算大约为 $3×10^{15}$MJ，相当于到达地球的太阳能的 0.1%，约为世界总能耗的 10 倍。与其他可再生能源相比，生物能源对全球一次能源供应的贡献率最大。

我国理论生物质资源为 50 亿吨左右标准煤，是总能耗的 4 倍左右，现在每年仅废弃的作物秸秆、林业弃置物达 10 亿吨，相当于 1 亿多吨的燃料汽油。生物质能源将成为未来持续能源重要部分，将来全球总能耗将有 40% 以上来自生物质能源。由于生物质能可再生、低污染、分布广泛，所以生物质能具有非常广阔的应用前景。

图 1.5 为 2007—2017 年的生物质能发电总装机容量。全球生物质能发电总装机容量由 2007 年的 50GW 增至 2017 年的约 117GW，增加了约 2.3 倍。我国由 2007 年的 3GW 增至 2017 年的约 14GW，增加了约 4.6 倍，约占全球总装机容量的 12%，可见生物质能源用于发电已取得了较大的发展，但由于我国生物质资源较丰富，因此发展潜力较大。

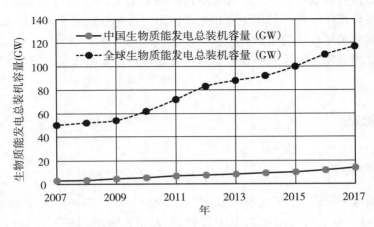

图 1.5　生物质能发电总装机容量

1.4　可再生能源发电展望

《电力发展"十三五"规划》提出，到 2020 年，全国发电装机容量达 20 亿千瓦。其中非化石能源发电装机容量达 7.7 亿千瓦，占比约 38.5%。非化石能源在一次能源消费中的比重将达到 15% 左右。

在可再生能源发电方面，风力发电新增投产 0.79 亿千瓦以上，风力发电装机容量将达到 2.1 亿千瓦以上，其中海上风力发电 500 万千瓦左右。太阳能光伏发电新增投产 0.68 亿千瓦以上，太阳能光伏发电装机容量达到 1.1 亿千瓦以上，其中分布式光伏 0.6 亿千瓦以上、光热发电 500 万千瓦。生物质发电装机容量 0.15 亿千瓦左右。

由《电力发展"十三五"规划》可见，十三五期间我国将大力发展风力发电、太阳能光伏发电、生物质发电、高温地热发电、海洋能发电等，加大对储能、微网以及"互联网+"智能电网的研发、应用等。这必将为可再生能源的应用和普及提供难得的机遇，实现到 2020 年，全国发电装机容量 20 亿千瓦，非化石能源发电装机容量占比约 38.5%，非化石能源在一次能源消费中的比重达到 15% 左右的目标。

第2章　太阳光发电

太阳能以热能和光能的形式存在，太阳光发电(又称太阳能光伏发电，或简称为光伏发电)是指利用太阳的光能发电。太阳光发电基于光生伏特效应的原理，通过太阳能电池将太阳的光能直接转换成电能。太阳光发电使用的是取之不尽的自然能源，清洁无污染、发电无噪音、运行维护方便，可作为分布电源使用，将来可成为主要电源之一，目前正在得到迅速普及和越来越广泛的应用。

本章主要介绍太阳光能、太阳能电池的种类和特点、太阳光发电原理、特性、光伏系统及应用等。

2.1　太阳光能

2.1.1　太阳的能量

太阳是一颗位于离银河系中心约 3 万光年位置的恒星，半径约为 $6.96×10^5$ km，质量约为 $1.99×10^{30}$ kg，分别约为地球的 108 倍和 33 万倍，离地球的平均距离约为 $1.5×10^8$ km，太阳的中心温度约为 1400 万 K，表面温度约为 5700K。

太阳能是由太阳的氢经过核聚变而产生的一种能源，核聚变反应向宇宙释放出约 $3.85×10^{23}$ kW 的巨大能量，由于大气层的云等的反射和吸收作用，太阳能在到达地表的途中，约 30% 的能量反射到宇宙，剩下约 70% 的能量到达地球。太阳辐射地球的总能量换算成电能约为 $173×10^{12}$ kW，相当于目前世界总消费电能 $110×10^8$ kW 的一万倍以上，太阳辐射到地球的一个小时的能量相当于全世界一年的总消费量。人们推测太阳的寿命至少还有 50 亿年以上，因此对于地球上的人类来说，太阳能资源是一种取之不尽、用之不竭的清洁能源。太阳能具有能量巨大、非枯竭、清洁、均匀性等特点，作为未来的能源是一种非常理想的清洁能源，如果合理、高效地利用太阳能，可为人类提供充足的能源。

2.1.2　我国的太阳辐射量分布

我国的辐射量分布根据辐射强度可分为 5 类：一类地区为太阳能资源最丰富的地区，包括宁夏及甘肃北部、新疆东部、青海及西藏西部等地，年累计辐射量在 $6600\sim8400MJ/m^2$；二类地区为太阳能资源较丰富的地区，包括河北西北部、山西北部、内蒙古南部、宁夏南部等地，年累计辐射量在 $5850\sim6680MJ/m^2$；三类地区为太阳能资源中等类型地区，包括山东、河南、河北东南部、山西南部、广东南部等地，年累计辐射量在 $5000\sim5850MJ/m^2$；四类地区为太阳能资源较差的地区，包括湖南、湖北、江西、广东北部等地，年累计辐射量在 4200~5000MJ/m²；五类地区为太阳能资源最少的地区，包括四川、贵州两省，年累计辐射量在 3350~4200MJ/m²。可见，我国有丰富的太阳能资源，利用前景十分广阔。

大气层外的太阳的辐射强度为 1.395kW/m²，而晴天、正午前后到达地球表面的辐射强度约为 1.0kW/m²，宇宙的辐射强度比地表高约 40%。一般将大气层外的太阳的辐射强度 1.395kW/m² 称为太阳常数，指在当太阳与地球处在平均距离的位置时，大气层上部与太阳光垂直的平面上，单位面积的太阳辐射能量密度。

太阳的辐射强度与纬度、气象条件、季节、时间等有关，在光辐射到地球的过程中，太阳辐射强度的大小与其通过的大气的厚度有关，定量地表示大气厚度的单位称为通过空气量 AM，它用来表示进入大气的直达光所通过的路程。大气层外用 AM_0、垂直于地表面用 AM_1、标准大气条件用 $AM_{1.5}$ 表示。在太阳能光伏发电系统设计、测试以及评价时一般采用 $AM_{1.5}$。

2.2　太阳光发电原理

2.2.1　PN 结半导体

常见的硅太阳能电池一般由 N 型和 P 型半导体材料构成，在如图 2.1 所示的 PN 结处，P 型半导体中的空穴在 N 型半导体中的电子的作用下移动到 N 型领域，而 N 型半导体中的电子在 P 型半导体中的空穴的作用下移动到 P 型领域，在结合处 P 型半导体带负电，N 型半导体带正电，在 P 型和 N 型半导体之间形成电场，称之为扩散电位，在电场的作用下产生空乏层，在空乏层中没有电子存在。

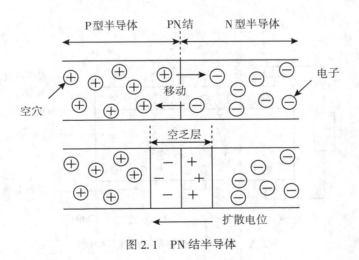

图 2.1　PN 结半导体

2.2.2　PN 结半导体的发电原理

图 2.2 为 PN 结半导体的发电原理。当太阳光照射在空乏层领域时，处在价带的电子

所吸收的能量大于禁带(导带与价带之间)的能量时,电子被激发并迁移至导带,并在电场的作用下向 N 型领域移动,而失去电子所产生的空穴向 P 型领域移动,如果此时与外部电路相连,N 型半导体中的电子通过外部电路移动到 P 型半导体,电流与电子的移动方向相反移动,从而产生电能。

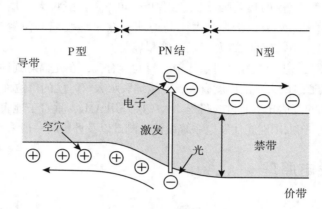

图 2.2　PN 结半导体的发电原理

2.2.3　太阳能电池的发电原理及构成

太阳能电池根据所使用的材料、制造方法等不同,其构成多种多样,发电原理也不尽相同。常用的晶硅太阳能电池的构成如图 2.3 所示,它主要由 P 型、N 型半导体、PN 结、表面电极、背面电极以及反射防止膜等构成。

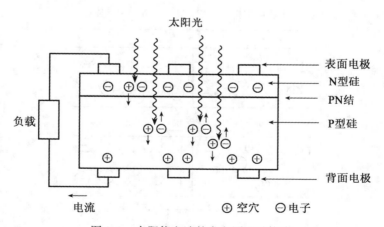

图 2.3　太阳能电池的发电原理及构成

对于由两种不同的硅半导体材料(N 型与 P 型)构成的硅太阳能电池,当太阳光照射在太阳能电池上时,太阳能电池吸收太阳的光能,并产生空穴(+)和电子(−),空穴向 P 型半导体集结,而电子向 N 型半导体集结,当在太阳能电池的表面和背面的电极之间接上负载时，便有电流流过而产生电能。

2.2.4 太阳能光伏发电的特点

太阳能光伏发电具有如下特点：

(1)太阳能是一种半永久性的能源，是一种取之不尽、用之不竭的清洁能源。太阳能光伏发电不需燃料费用、无公害。

(2)太阳能电池可设置在负荷所在地，就近为负荷提供电能，因此发电方便、灵活。

(3)无可动部分、寿命长，发电时无噪音，管理、维护简便。

(4)太阳能电池能直接将光能转换成电能，不会产生废气、有害物质等。

(5)太阳能电池的输出功率随入射光、季节、天气、时刻等的变化而变化，夜间不能发电。

(6)所产生的电是直流电，并且无蓄电功能。

(7)辐射能量稀薄。

2.3 太阳能电池

2.3.1 太阳能电池的种类

根据太阳能电池的材料、形式、用途等，可将太阳能电池分成不同的种类。太阳能电池根据其使用的材料可分成硅半导体太阳能电池、化合物半导体太阳能电池、有机半导体太阳能电池以及量子点太阳能电池等种类，如图2.4所示。

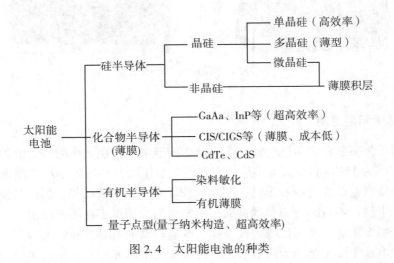

图2.4 太阳能电池的种类

硅半导体太阳能电池可分成晶硅太阳能电池和非晶硅太阳能电池。而晶硅半导体太阳能电池又可分成单晶硅太阳能电池和多晶硅太阳能电池。化合物半导体太阳能电池可分为Ⅲ-Ⅴ族化合物(GaAs)太阳能电池、Ⅱ-Ⅵ族化合物(CdS/CdTe)太阳能电池以及Ⅰ-Ⅲ-Ⅳ

族化合物（CuInSe$_2$：CIS）太阳能电池等。有机半导体太阳能电池可分成染料敏化太阳能电池和有机薄膜太阳能电池等。

除了上面根据太阳能电池所使用的材料进行分类之外，如果根据太阳能电池的形式、用途等分类，还可分成透明电池、半透明电池、柔性电池、混合型电池（HIT 异质结电池）、积层电池、球状电池、量子点电池、民生用电池、电力用电池等。

2.3.2　各种太阳能电池

1. 单晶硅太阳能电池

最早使用的太阳能电池是晶硅太阳能电池。图 2.5 所示为单晶硅太阳能电池，单晶硅太阳能电池的硅原子的排列非常规则，在硅太阳能电池中转换效率最高，转换效率的理论值为 24%～26%，实际产品的组件转换效率为 15%～20% 以上，从宇宙到住宅、街灯等已得到广泛地应用，目前主要用于发电。

与其他太阳能电池比较，单晶硅太阳能电池具有制造技术比较成熟、结晶中的缺陷较少、转换效率高、可靠性较高、特性比较稳定等特点。但制造成本较高。

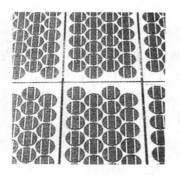 

图 2.5　单晶硅太阳能电池

2. 多晶硅太阳能电池

图 2.6 所示为多晶硅太阳能电池。多晶硅太阳能电池转换效率的理论值为 20%，实际产品的转换效率为 15%～17%。与单晶硅太阳能电池相比，转换效率虽然略低，但由于制造多晶硅太阳能电池的原材料较丰富、制造比较容易、成本较低等，因此其使用量已超过单晶硅太阳能电池。不过，近来单晶硅太阳能电池的使用量正在不断增加。

由于晶硅系太阳能电池可以稳定地工作，具有较高的可靠性和转换效率，因此现在所使用的太阳能电池主要是晶硅太阳能电池，并且在太阳能光伏发电中占主流。

3. 非晶硅太阳能电池

图 2.7 所示为非晶硅太阳能电池，它的原子排列呈现无规则状态，组件转换效率为

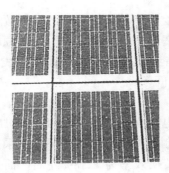

图 2.6 多晶硅太阳能电池

10%左右。这种电池一般为薄膜太阳能电池,薄膜厚度为数微米以下,与晶硅太阳能电池(厚度 300μm)相比,可大大减少制作太阳能电池所需的材料和成本。具有制造所需能源和材料较少、制造工艺简单、容易大量生产、可方便地制成各种曲面形状等特点。

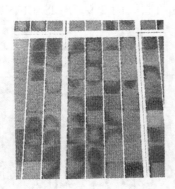

图 2.7 非晶硅太阳能电池

非晶硅太阳能电池能在计算器、钟表等行业已得到了广泛应用,另外非晶硅太阳能电池可和其他种类的太阳能电池进行组合制成积层太阳能电池,可提高太阳能电池的温度特性、转换效率以及输出功率等。

4. 化合物太阳能电池

化合物是由两种以上的元素构成的物质。化合物太阳能电池一般使用 GaAs、InP、CdS/CdTe 等化合物半导体材料,主要有 GaAs 太阳能电池、CdS/CdTe 太阳能电池以及 CIS/CIGS 太阳能电池等。与硅材料的太阳能电池相比,化合物太阳能电池具有波带宽、光吸收能力强、转换效率高、柔软、节省资源、重量轻、制造成本较低等特点。

(1)GaAs 太阳能电池

GaAs 太阳能电池主要由正电极、P 型(AlGaAs)、N 型(GaAs)以及负电极构成。该太阳能电池的 N 型半导体使用 GaAs 化合物,而 P 型半导体使用 AlGaAs 化合物,即在 GaAs

化合物中加入铝 Al 材料作为不纯物制成的化合物。

GaAs 太阳能电池可高效地吸收光能，所以转换效率较高，芯片的转换效率为 26% 左右，而使用聚光镜的聚光型太阳能电池的转换效率已超过 40%。镓、铟等原材料的价格较高，产量较少，供给不太稳定。由于 GaAs 太阳能电池具有较强的耐放射线特性，所以这种电池主要用于人造卫星、空间实验站等宇宙空间领域。

（2）CdS/CdTe 太阳能电池

CdS/CdTe 太阳能电池主要由玻璃衬底、透明电极膜、N 型 CdS、P 型 CdTe 以及背面电极等构成。CdS/CdTe 太阳能电池的转换效率因制造方法的不同而不同，采用印刷方式可实现低成本、大面积制造，目前小面积芯片的转换效率为 12.8% 左右。而采用真空蒸镀法时，小面积薄膜太阳能电池芯片的转换效率约为 16%，大面积的为 11% 左右。

（3）CIS/CIGS 太阳能电池

CIS 太阳能电池使用铜 Cu、铟 In、硒 Se2 等材料构成，称为铜铟硒太阳能电池。而 CIGS 太阳能电池则在 CIS 太阳能电池中加入了镓 Ga，称为铜铟镓硒太阳能电池。图 2.8 为 CIS/CIGS 太阳能电池的构成，主要由负电极、N 型、P 型、缓冲层、正电极以及玻璃衬底等构成，N 型为透明导电膜，P 型使用 CIGS 材料。图 2.9 为 CIS/CIGS 太阳能电池组件。

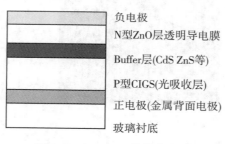

图 2.8　CIS/CIGS 太阳能电池

图 2.9　CIS/CIGS 组件

CIGS 太阳能电池光吸收率较高，理论转换效率可达 25% ~ 30% 以上，组件转换效率为 15% 左右。太阳能电池的厚度仅为 1 ~ 2μm，只有晶硅太阳能电池厚度的 1/100 左右，另外，这种太阳能电池的温度系数较小，适合在温度较高的地方使用，以提高太阳能电池的输出功率，增加光伏电站的发电量。

这种电池具有节省资源、降低制造所需能源、容易量产、可连续大量生产、适用于高温地区使用等特点，已经在发电等领域得到了广泛应用，由于其良好的发电特性，将来可能超过晶硅太阳能电池，成为太阳能光伏发电的主流电池。

5. 有机太阳能电池

有机太阳能电池是由有机材料（有机化合物）制成的太阳能电池，可分为染料敏化太阳能电池和有机薄膜太阳能电池两种。有机太阳能电池具有轻便、柔软、原材料价格便宜、不需大型制造设备、制造成本较低、耐久性较差、转换效率较低等特点。

（1）染料敏化太阳能电池

染料敏化太阳能电池的构成如图 2.10 所示。它由透明电极、氧化钛 TiO_2 电极、染料、含有碘酸的电解液以及白金或碳电极（正极）等构成。染料吸收光后所产生的电子进入 TiO_2 半导体的导带，经过透明电极（TCO）和外部电路流向白金电极（正极），另一方面，电解液中的碘酸（I）获得来自正极的电子变成 I^-，与之前失去电子的染料从电解液中的 I^- 得到电子进行再结合，当电路中接入负载时由于电子移动的结果产生电能。

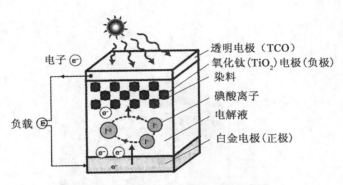

图 2.10　染料敏化太阳能电池的构成

染料敏化太阳能电池芯片的转换效率已经达到 11% 左右，组件的转换效率为 8.5% 左右。与硅材料的太阳能电池相比，染料敏化太阳能电池由于采用节能、高速制造的方法，所以批量生产容易、设备投资较少，制造成本较低，发电成本约为晶硅太阳能电池的一半，甚至更低，作为下一代新型太阳能电池未来将会得到广泛应用与普及。图 2.11 为染料敏化太阳能电池，根据有机染料吸收的光的波长，即改变有机染料的颜色，可任意改变太阳能电池的颜色，以满足各种不同的需要。

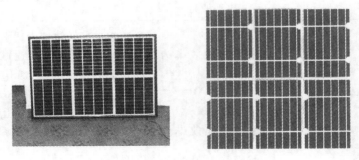

图 2.11　染料敏化太阳能电池

（2）有机薄膜太阳能电池

有机薄膜太阳能电池是一种在光吸收层使用有机化合物制成的太阳能电池。它可分成 P 型、PN 型、PIN 型以及混合型等种类，可制成薄膜、胶片等形式。这种电池具有诸多特点：不受资源的限制，对环境无影响，使用后容易处理；可使用印刷技术制造太阳能电池，制造成本低，能量回收时间短；应用设计自由，具有多种多样的用途；可制成大面积电池，可在外墙、窗户等处使用。

　　有机薄膜太阳能电池芯片的转换效率较低，仅为 6% 左右，组件的转换效率为 3.5% 左右，可作为携带装置的电源，将来，有机薄膜太阳能电池有望成为下一代新型太阳能电池，并在太阳能光伏发电系统中使用。图 2.12 为柔软型有机薄膜太阳能电池组件。由于这种太阳能电池具有柔软、美观、不同色彩等特点，可广泛用于庭院、窗台、背包等日常用品作为电源使用。

图 2.12　柔软型有机薄膜太阳能电池组件

2.3.3　太阳能电池的特点及用途

　　如表 2.1 所示，为太阳能电池的材料、类型、种类、特点及用途。

表 2.1　　　　　　　　　　　　　各种太阳能电池的特性和用途

半导体	类型	电池种类	特点	主要用途
硅	晶硅	单晶硅电池（组件转换效率为 15%~22%）	转换效率、可靠性较高，使用实绩多，价格略高	地上（各种屋外用途）以及宇宙太阳能光伏发电系统
		多晶硅电池（组件转换效率为 15%~17%）	可靠性高、价格低、使用广、转换效率稍低、适合于批量生产	地上用太阳能光伏发电系统、电子计算器、钟表等民生用
	非晶硅	非晶硅电池（组件转换效率约为 10%）	薄膜型，适合于大面积、大量生产，可做成曲面形状、价格低	建材一体型，地上用太阳能光伏发电系统以及民生用等

续表

半导体	类型	电池种类	特点	主要用途
化合物	GaAs 电池、CdS/CdTe 电池、CIS/CIGS 电池	化合物电池（CIS 组件转换效率约为 13.6%，CdTe 约为10.9%）	制造简单、转换效率较高、薄膜型、节省材料、重量轻、低成本	宇宙用，民生用
有机	染料敏化	染料敏化电池(研究阶段组件转换效率约为8.5%)	转换效率较低、价格低、柔软、颜色和形状可自由选择	民生用
	有机薄膜	有机薄膜电池(研究阶段的组件转换效率约为3.5%)	转换效率较低、价格低、可使用印刷方法制造、重量轻、柔软、应用广	民生用
量子点		量子点电池（目前处在研究阶段）	转换效率较高，理论可达60%	地上，民生用

2.4 太阳能电池的发电特性

太阳能电池的发电特性包括太阳能电池的输入输出特性、光谱响应特性、光度特性以及温度特性等。输入输出特性表示太阳能电池的电流与电压的关系，光谱响应特性表示太阳光的波长与辐射强度的关系，光度特性表示太阳能电池的电压、电流以及输出功率随光度变化的关系，温度特性表示太阳能电池的电流、电压与温度的关系。

2.4.1 输入输出特性

图 2.13 所示为太阳能电池的输入输出特性，也称为伏安特性(I-V 特性)，用来表示太阳能电池的电流与电压之间的关系。图中的实线为太阳能电池被光照射时的伏安特性，虚线为太阳能电池无光照射时的伏安特性。

无光照射时的暗电流相当于 PN 接合的扩散电流，其伏安特性可用下式表示：

$$I = I_0 \left[\exp\left(\frac{eV}{nkT}\right) - 1 \right] \tag{2.1}$$

式中：I_0 为逆饱和电流，是由 PN 结两端的少数载流子和扩散常量决定的常数；V 为光照射时的太阳能电池的端电压；n 为二极管因子；k 为波耳兹曼常数；T 为温度℃。

PN 结被光照射时，所产生的载流子的运动方向与(2.1)式中的电流方向相反，用 J_{sc} 表示，它与被照射的光的强度有关，相当于太阳能电池两端短路时的电流，称为短路光电流密度。

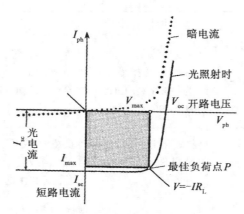

图 2.13 太阳能电池的伏安特性

光照射时的太阳能电池电压 V 与光电流 I_{ph} 的关系称之为太阳能电池的输入输出特性，一般用下式表示：

$$I_{ph} = I_0 \left[\exp\left(\frac{eV}{nkT}\right) - 1 \right] - J_{sc} \qquad (2.2)$$

当太阳能电池接上最佳负载电阻时，其最佳负荷点 P 为电压电流特性上的最大电压 V_{max} 与最大电流 I_{max} 的交点，图中斜线部分的面积为太阳能电池的输出功率 P_{out}，其式如下：

$$P_{out} = VI = V \left[J_{sc} - I_0 \left(\exp\left(\frac{eV}{nkT}\right) - 1 \right) \right] - J_{sc} \qquad (2.3)$$

当光照射在太阳能电池上时，太阳能电池的电压与电流的关系可以简单地用图 2.14 所示的特性来表示。如果用 I 表示电流，用 V 表示电压，也可称为 I-V 曲线或伏安特性。

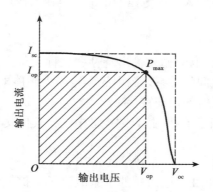

图 2.14 太阳能电池的伏安特性

图中，V_{oc} 为开路电压，I_{sc} 为短路电流，P_{max} 为最大功率，最大功率时的工作点称为最佳工作点，此点所对应的电压、电流分别称为最佳工作电压 V_{op}、最佳工作电流 I_{op}，P_{max}

为 V_{op} 与 I_{op} 的积。实际上，太阳能电池的工作点受负载条件、辐射条件以及气象条件的影响，工作点会偏离最佳工作点。

开路电压为太阳能电池的正极(+)、负极(-)之间未被连接的状态，即开路时的电压，单位用 V(伏特)表示，太阳能电池芯片的开路电压一般为 0.5~0.8V。

短路电流是指太阳能电池的正极(+)、负极(-)之间用导线连接，正负极之间短路状态时的电流，单位为 A(安培)。短路电流值随光的辐射强度变化而变化。另外太阳能电池单位面积的电流称为短路电流密度，其单位是 A/m^2 或者 mA/cm^2。

1. 填充因子

填充因子(FF)是衡量太阳能电池发电性能的一个重要指标。它为图中的斜线部分的长方形面积($P_{max} = V_{op} \cdot I_{op}$)与虚线部分的长方形面积($V_{oc} \cdot I_{sc}$)之比：

$$FF = \frac{V_{op}I_{op}}{V_{oc}I_{sc}} \tag{2.4}$$

填充因子是一个无单位的量，其值为 1 时被视为理想的太阳能电池特性，一般小于 1.0，在 0.5~0.8 之间。

2. 太阳能电池的转换效率

太阳能电池的转换效率是衡量太阳能电池发电性能的另一个重要指标。它用来表示照射在太阳能电池上的光能被转换成电能的大小。太阳能电池的转换效率 η 一般用太阳能电池的输出能量(发电功率)P_{out} 与太阳能电池的输入能量(太阳的辐射能量)P_{in} 之比的百分数来表示，即

$$\eta = \frac{P_{out}}{P_{in}} \times 100\% \tag{2.5}$$

例如，太阳能电池的面积为 $1m^2$，太阳光的能量为 $1kW/m^2$，如果太阳能电池的发电功率为 0.1kW，则太阳能电池的转换效率 $\eta = (0.1kW/1kW) \times 100\% = 10\%$，转换效率 10% 意味着照射在太阳能电池上的光能只有十分之一的能量被转换成电能。

太阳能电池的转换效率一般采用公称效率来表示。为了统一标准，一般采用温度为 25℃、辐射强度为 $1kW/m^2$、大气质量 AM 为 1.5 的标准条件对太阳能电池进行测试，确定太阳能电池的转换效率，厂家的产品说明书中的太阳能电池转换效率就是根据上述测试条件得出的转换效率。

太阳光的强度也称为辐射强度，是指单位面积、单位时间的太阳能量密度，一般用 kW/m^2 表示，当然也可用大于或小于此单位表示。辐射强度与纬度、时间、气候等有关，太阳能电池所产生的电流、输出功率与辐射强度直接相关。

为了提高太阳能电池的转换效率，可将不同波长的材料的发电层进行积层，制成积层太阳能电池，这种电池可吸收波长范围更广的光能，使太阳能电池的转换效率、输出功率增加。

2.4.2　光谱响应特性

1. 太阳光的波长与辐射强度

图 2.15 为太阳光的波长 λ 与辐射强度的关系，由图可知，太阳光是由各种波长的光构成的。到达地球表面的 99% 的太阳光能量的波长范围为 $0.3 \sim 2.5\mu m$，其中，波长 $0.4\mu m$ 以下的紫外光的能量约为总能量的 8%，所占比例较低，可视光的波长为 $0.4 \sim 0.75\mu m$，约占总能量的 44%，波长 $0.75\mu m$ 以上的红外光所占比例较高，约占总能量的 48%。根据太阳能电池种类的不同，太阳能电池可以利用紫外光(如透明太阳能电池)、可视光以及红外光的能量发电。

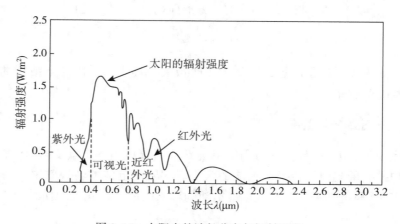

图 2.15　太阳光的波长分布与辐射强度

2. 太阳能电池的光谱响应特性

太阳能电池由各种材料制成，不同材料制成的太阳能电池对太阳光的波长的反应，即响应是不同的，其发电输出功率也与太阳光的波长密切相关。一般将太阳光的波长与太阳能电池的输出功率之间的关系称之为太阳能电池的光谱响应特性，如图 2.16 所示。由于不同的太阳能电池对于光的响应不同，所以在使用时应选择合适的太阳能电池。

太阳能电池的输出功率与太阳光的波长密切相关。硅太阳能电池的发电输出功率对应的波长为 $0.3 \sim 1.2\mu m$，非晶硅太阳能电池为 $0.3 \sim 0.8\mu m$，CdS/CdTe 太阳能电池为 $0.5 \sim 0.9\mu m$。利用这些特点可以根据不同的光照条件选择合适的太阳能电池，如房间内使用荧光灯照明时，太阳能计算器一般使用非晶硅电池。另外，为了充分利用太阳的光能，提高太阳能电池的转换效率，一般将晶硅太阳能电池与非晶硅太阳能电池积成，制成多层结构的太阳能电池。

2.4.3　光度特性

太阳能电池的电压、电流以及输出功率随光度(光的强度)的变化而变化。称为太阳

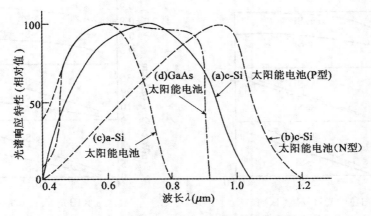

图 2.16　各种太阳能电池的光谱响应特性

能电池的光度特性。图 2.17 为荧光灯的光度时，单晶硅太阳能电池以及非晶硅太阳能电池的伏安特性。开路电压 V_{oc}、短路电流 I_{sc} 以及最大功率 P_{max} 的光度特性如图 2.18 所示。使用太阳光的光度特性如图 2.19 所示。可见，由于光的强度不同，太阳能电池的输出功率也不同。

由图可知：

(1) 短路电流 I_{sc} 与光度成正比；

(2) 开路电压 V_{oc} 随光度的增加而缓慢地增加；

(3) 最大功率 P_{max} 几乎与光度成比例增加。

(4) 填充因子 FF 几乎不受光度的影响，基本保持一定。

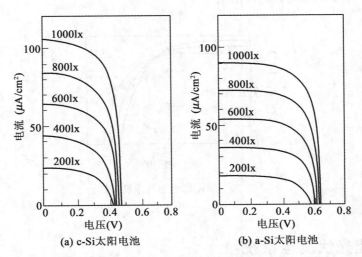

图 2.17　白色荧光灯的不同光度时太阳能电池的伏安特性

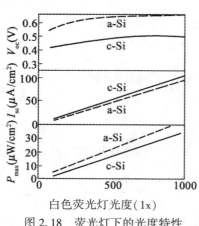

图 2.18 荧光灯下的光度特性

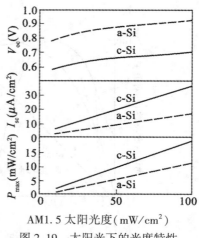

图 2.19 太阳光下的光度特性

2.4.4 温度特性

太阳能电池的输出功率随温度的增加而降低。如图 2.20 所示,温度上升则输出电流增加,输出电压减少,由于电压的变化率大于电流的变化率,所以温度上升导致太阳能电池的输出功率下降,转换效率变低。因此,有时需要用通风、水冷等方法来降低太阳能电池的温度,以便提高太阳能电池的转换效率,使输出功率增加。

太阳能电池的输出功率与太阳能电池的背面温度的关系一般用温度系数来表示,如单晶硅太阳能电池的温度系数为$-0.48\%/℃$,即温度每上升一度,则太阳能电池的输出功率下降 0.48%,温度系数一般用负数表示,其值越小,则说明太阳能电池的发电量受温度的影响越小,因此在温度较高的地方一般使用温度系数较小的太阳能电池,以提高太阳能电池的发电量,增加光伏电站的发电量。

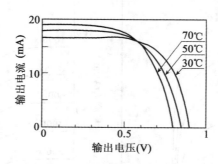

图 2.20 太阳能电池的温度特性

2.5 太阳能光伏发电系统

太阳能光伏发电系统是指将太阳的光能变成电能,并对电能进行控制、转换、分配、送入电网或负载的系统，主要由太阳能电池方阵、汇流箱、功率控制器、负载等构成。一般用于户用(屋顶住宅)发电、公共发电以及产业发电等领域，可分为独立(离网)型和并网型系统等。这里主要介绍常用的太阳能光伏发电系统的特点、基本构成、工作原理等。

2.5.1 太阳能光伏发电系统的特点

太阳能光伏发电系统所利用的能源是太阳能，由半导体器件构成的太阳能电池是该系统的核心部分，太阳能光伏发电系统实际应用时一般作为分布电源使用，因此，太阳能光伏发电系统具有如下特点：

(1)从所使用的能源来说，太阳能光伏发电所使用的能源是太阳能。由于太阳能的总量极其巨大，因此它是一种取之不尽、用之不竭的能源。它不产生排放物、无公害，是一种清洁能源。而且它可以在地球上的任何地方使用，因此使用非常方便。但使用这种能源发电时，输出功率会随季节、天气、时刻的变化而变动，是一种间歇式能源。

(2)太阳能光伏发电使用的是固体静止装置，发电时无可动部分，无噪音，检修维护简便。太阳能电池以模块为单位，可根据用户的需要方便地选择所需容量。组件可大量生产，使成本降低。由于重量较轻，可安放在房顶、墙面、空地等处，可有效利用土地。不需要运送燃料，偏远地区可方便使用，建设周期短，设计、规划比较灵活。

(3)由于太阳能光伏发电系统可作为一种分布式发电系统，一般离负荷较近，所以输电损失以及输电成本较低。可根据当地的负荷情况灵活地选择系统的容量。可使电源多样化，提高电网的可靠性，可改善配电系统的运转特性，如实现高速控制、无功功率控制等。

2.5.2 太阳能光伏发电系统的基本构成

太阳能光伏发电系统的构成因实际应用情况不同而不同，太阳能光伏发电系统可分为离网型和并网型等多种形式。离网型太阳能光伏发电系统是指不与电网并网的太阳能光伏发电系统，一般带蓄电池，以便在太阳能光伏发电系统不发电或发电不足时为负载提供电能，但也可不带蓄电池，太阳能光伏发电系统的电能直接供给负载。

图2.21为离网型太阳能光伏发电系统，该系统由太阳能电池、交流负载、逆变器、蓄电池以及充放电控制器等构成，主要用于家庭电器设备，如照明、电视机、电冰箱等。由于这些设备为交流电器，而太阳能电池的输出为直流，因此必须使用逆变器将直流电转换成交流电。当然根据不同的系统，也可不使用蓄电池，而只在白天为负载提供电能。

并网型太阳能光伏发电系统是指太阳能光伏发电系统与电网并网的系统，一般不带蓄电池，也可附带蓄电池。可分为切换型、有反送电型和无反送电型等。目前并网型太阳能光伏发电系统应用较多，一般作为分布电源使用。

并网型太阳能光伏发电系统如图2.22所示，反送电型太阳能光伏发电系统为负载供电，有剩余电能时送往电网，不足时则由电网供电(反送电)。对于有反送电并网系统来说，由于太阳能电池产生的剩余电能可以供给其他的负载使用，因此可以发挥太阳能电池的发电能力，使电能得到充分利用。当太阳能电池的输出功率不能满足负载的需要时，则从电力系统得到电能。这种系统可用于家庭的电源、工业用电源等场合。

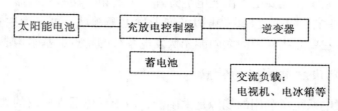

图 2.21　离网型太阳能光伏发电系统

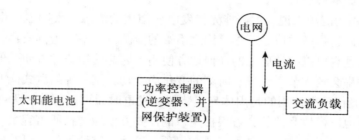

图 2.22　并网型太阳能光伏发电系统

图 2.23 为太阳能光伏发电系统的基本构成，该系统主要由太阳能电池方阵、功率控制器(又称逆变器)、蓄电池(根据情况可不用)、控制保护装置等构成。太阳能电池方阵用来接收太阳的光能，并将光能转换成直流电能。功率控制器由逆变器、并网装置、系统监视、保护装置以及充放电控制装置等构成，主要用来将太阳能电池所产生的直流电转换成交流电，实现并网、系统监控、系统保护等功能。蓄电池用来储存电能，当太阳能电池不发电时或电能不足时供负载使用。

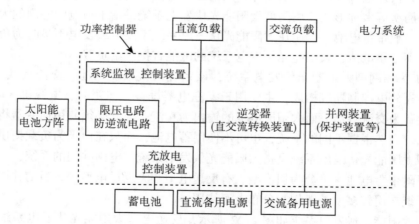

图 2.23　太阳能光伏发电系统的基本构成

目前户用并网型太阳能光伏发电系统和大型光伏发电系统应用较多。图 2.24 为户用并网型太阳能光伏发电系统，它由太阳能电池方阵，功率控制器(并网逆变器)，汇流箱，配电盘，卖电、买电用电度表以及支架等构成。民用、产业光伏发电等领域的太阳能光伏发电系统的构成与户用并网型太阳能光伏发电系统相比，虽然有不同之处，但构成基本类似。

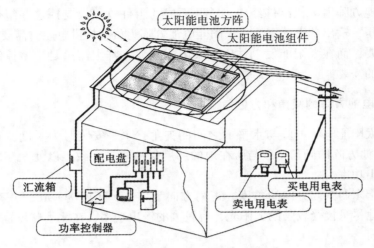

图 2.24　户用并网型太阳能光伏发电系统

户用并网型太阳能光伏发电系统的工作原理是：太阳能电池方阵产生的直流电经汇流箱送往功率控制器，它将直流电转换成交流电，然后经配电盘送至住宅内的负载使用，有剩余电能时则经卖电用电表送至电网，相反，夜间或太阳能电池发电不足时，由电网经买电用电表为负载供电。

2.5.3　太阳能电池方阵

1. 太阳能电池芯片、组件与方阵

太阳能电池组件由芯片经串联构成，方阵由组件经串、并联构成，如图 2.25 所示为太阳能电池芯片、组件以及方阵之间的关系。

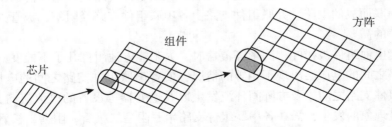

图 2.25　太阳能电池芯片、组件与方阵

太阳能电池芯片是一种由约 10cm 角长的板状硅片形成的半导体器件，开路电压为

0.5～0.6V，除了特殊情况外，由于芯片的输出功率太小，一般不单独使用。

太阳能电池组件由数十枚太阳能电池芯片构成。太阳能电池组件的输出功率一般为100～700W，转换效率也在不断提高，单晶硅的太阳能电池约为22%，多晶硅的太阳能电池约为17%，非晶硅以及化合物半导体太阳能电池（CdS，CdTe等）为6%～10%。

太阳能电池方阵由多枚组件经串、并联而成的组件群以及支撑这些组件群的支架构成，以满足电压、输出功率的需要。太阳能电池方阵为负载提供电能时需要满足负载的电压、功率的需要，而在太阳能发电站中，太阳能电池方阵则需满足功率控制器的输入电压、转换功率的需要。

2. 太阳能电池方阵的倾角和方位角

倾角是指太阳能电池方阵与水平面之间的夹角，水平安装时为零度，垂直安装时为90°。太阳能电池方阵的倾角一般与所在地的纬度保持基本一致，以使太阳能电池方阵有较大的发电输出功率。

方位角是指东西南北方向的角度，正南方向为零度，正西为+90°，正东为-90°，为了使太阳能电池尽量接受较强的太阳光，有较大的输出功率，在北半球设置的太阳能电池方阵应面向南向。

安装太阳能电池方阵时应考虑倾角、方位角等因素，以使其发电输出功率最大。由于太阳能电池方阵安装时受地形、屋顶、阴影等因素影响，有时需要考虑不同的安装倾角、方位，如将太阳能电池方阵朝东、朝西或其他方向，不过，这会导致太阳能电池方阵的发电输出功率减少，所以除了特殊情况以外，一般应尽量避免东、西向安装，并力求使太阳能电池方阵的倾角与所在地的纬度保持基本一致。

太阳能光伏发电系统的容量用标准条件下的太阳能电池方阵的输出功率来表示。由于太阳能光伏发电系统的输出功率受辐射强度、温度的影响，为了统一标准，一般用辐射强度为 $1kW/m^2$、AM 为 1.5、温度为 25℃ 的标准条件时的最大输出功率作为标准太阳能电池方阵的输出功率。

3. 太阳能电池方阵电路

太阳能电池方阵电路如图 2.26 所示，由太阳能电池组件构成的串联组件支路、阻塞二极管 Ds、旁路二极管 Db 以及接线盒等构成。串联组件支路是根据所需输出电压将太阳能电池组件串联而成的电路。并联组件支路由各串联组件支路经阻塞二极管并联构成，以满足输出功率的需要。

当太阳能电池组件被树叶、阴影等覆盖时，太阳能电池组件几乎不能发电。此时，各串联组件支路之间的电压会出现不相等的情况，使各串联组件支路之间的电压失去平衡，导致各串联组件支路之间以及方阵间环流发生以及逆变器等设备的电流流向方阵的情况。为了防止逆流现象的发生，需在各串联组件支路串联阻塞二极管。阻塞二极管一般装在汇流箱内，也可安放在太阳能电池组件的接线盒内。

另外，各太阳能电池组件都接有旁路二极管。当太阳能电池方阵（故障组件）的一部分被阴影遮盖或组件的某部分出现故障时，使电流经旁路二极管流过，并为负载提供电

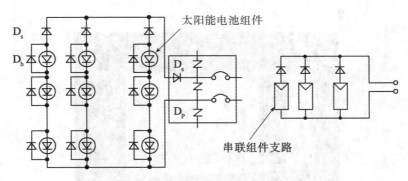

图 2.26　太阳能电池方阵电路

能。如果不接旁路二极管，串联组件支路的输出电压的合成电压将对未发电的组件形成反向电压，出现局部发热点，一般称这种现象为热斑效应，它会使全方阵的输出功率下降，严重情况下可能损坏太阳能电池，导致故障的发生。

　　一般地，1~4 枚组件并联一个旁路二极管，安装在太阳能电池背面的接线盒的正、负极之间。目前，市场上销售的太阳能电池组件一般已装有旁路二极管，设计时则不必考虑。最近的太阳能电池组件，每枚太阳能电池组件均具有旁路的功能。

2.5.4　功率控制器

1. 功率控制器的构成

　　功率控制器又称并网逆变器（PCS），是太阳能光伏发电系统中最重要的部件之一，它由逆变器、并网装置、系统监控以及保护装置等构成，它具有将直流电能转换成交流电能、系统并网、最大功率点跟踪控制、保护以及自动启动、停止运转等功能。

　　早期的功能控制器一般装有绝缘变压器，但现在一般不带绝缘变压器。带绝缘变压器的功率控制器如图 2.27 所示，它由逆变器、事故保护系统、并网保护装置以及绝缘变压器等构成。逆变器的功率转换部分使用功率半导体元件将直流电能转换成交流电能，控制装置的作用是控制功率转换部分，保护装置用来对内部故障进行处理，绝缘变压器用来使功率控制器与电网分离。图 2.28 为带绝缘变压器功率控制器的外观。

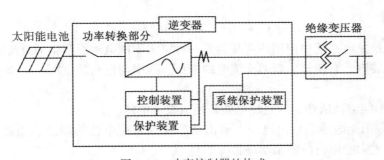

图 2.27　功率控制器的构成

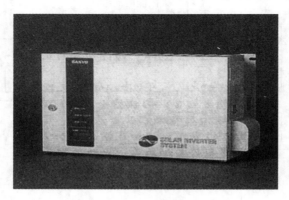

图 2.28　功率控制器的外观

　　图 2.29 为不带绝缘变压器的功率控制器的原理图，它主要由整流器、逆变器、电压电流控制、MPPT 控制、系统并网保护、孤岛运行检测等电路以及继电器等构成，该功率控制器的最大特点是它没有绝缘变压器，因此重量较轻，可以挂在幕墙上，也可以安装在室外的太阳能电池组件的背面，节约安装空间。

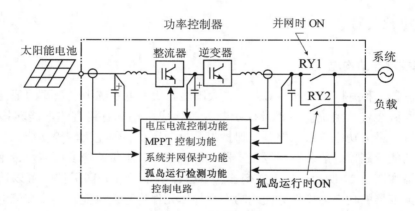

图 2.29　无变压器功率控制器

2. 逆变器

　　太阳能光伏发电系统中使用的逆变器是一种将太阳能电池所产生的直流电能转换成交流电能的转换装置。它使转换后的交流电的电压、频率与电网的电压、频率一致。逆变器的功能如下：

　　(1)将太阳能电池所产生的直流电能转换成交流电能。

　　(2)尽管太阳能电池的输出电压、输出功率受太阳能电池的温度、辐射强度的影响，但逆变器可使太阳能电池的输出功率最大。

　　(3)抑制高次谐波电流流入电网，减少对电网的影响。

（4）当剩余电能流向电网时，能对电压进行自动调整，维持负载端的电压在规定的范围之内。

逆变器有电压型、电流型等多种型式。逆变器的直流侧的电压保持一定的方式称为电压型，直流侧的电流保持一定的方式称为电流型，太阳能光伏发电系统一般使用电压型逆变器。交流输出的控制方法有两种：电流控制方法和电压控制方法。离网型太阳能光伏发电系统一般用电压控制型逆变器，系统并网型太阳能光伏发电系统一般用电流控制型逆变器，即电流控制电压型逆变器。

逆变器的工作原理如图 2.30 所示，逆变器由 IGBT 等开关元件构成，控制器使开关元件有一定规律地连续开（ON）、关（OFF），将正（或负）的直流切断，然后使极性正负交替，最后将直流转换成交流。

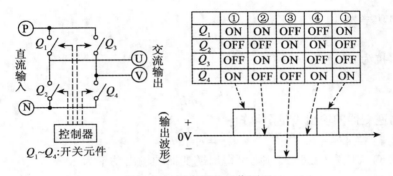

图 2.30　逆变器的工作原理

图 2.31 为逆变器电路，图中 e_i 为逆变器输出电压，e_L 为电抗器的电压，e_c 为系统电压，i_c 为逆变器的输出电流，电抗器 L 称为并网电抗器。当需要对逆变器的输出功率进行调整时，如要增加逆变器输出功率，可使半导体元件的触发时间提前，使逆变器的输出电压的相位超前系统侧的电压的相位，反之则可减少逆变器输出功率。

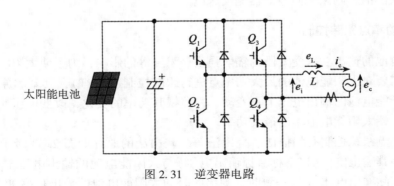

图 2.31　逆变器电路

图 2.32 所示的矢量图表示逆变器的输出电压、输出电流以及系统电压之间的关系。可利用控制手段使逆变器的输出电流 i_c 始终与系统电压 e_c 同向，电抗器的电压 e_L 与逆变器

31

的输出电流 i_c 始终保持 $90°$ 的关系并使其超前工作。

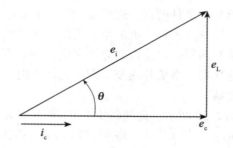

图 2.32　系统并网型逆变器的输出矢量图

逆变器的输出功率为

$$P = e_c i_c \tag{2.6}$$

电抗器 L 的阻抗为 ωL，则

$$i_c = \frac{e_L}{\omega L} \tag{2.7}$$

根据系统并网逆变器的输出矢量图可知：

$$e_L = e_i \sin\theta \tag{2.8}$$

将（2.7）、（2.8）式代入（2.6）式，则可得出逆变器的输出功率为

$$P = \frac{e_c e_i \sin\theta}{\omega L} \tag{2.9}$$

由上式可知，控制系统电压 e_c 与逆变器的输出电压 e_i 的相位角 θ，则可控制逆变器的输出功率。其原理是先与系统电源侧同期，然后调整系统侧电压与逆变器输出电压（滤波器前）之间的相位，以调整功率和电流的流向。当逆变器侧电压的相位超前系统侧电压的相位时，则向系统侧送电，相反，若逆变器侧电压的相位滞后系统侧电压的相位，并且逆变器侧有负载的话，则系统向逆变器侧反送电。

3. 最大功率点跟踪控制

太阳能电池的输出功率受太阳的辐射强度、温度等的影响，为了使太阳能电池的输出功率最大，需要对太阳能电池的最大功率点进行跟踪控制（MPPT），其基本原理是：功率控制器使太阳能电池的输出电压上下变动，并监视其功率的变化，改变电压使功率向增加的方向变化，使太阳能电池输出最大功率。

最大功率点跟踪控制有扫描法、登山法等。登山法的原理如图 2.33 所示。最初，功率控制器控制其输出电压（以下称目标输出电压）与太阳能电池的输出电压 V_A 一致，当太阳能电池的实际输出电压与 V_A 一致时，测出此时的太阳能电池的输出功率 W_A，然后将目标输出电压移至 V_B 处，同样功率控制器控制其输出使实际输出电压与 V_B 一致，测出此时的太阳能电池的输出功率 W_B，如果输出功率增大，即 $W_B > W_A$ 则可以判断此时的功率并非最大功率点，然后将目标输出电压变为 V_c 重复以上的过程。

同样地进行重复判断，最后到达最大功率点 D 点，再从 D 点往前，然后将目标输出电压变为 V_E，此时输出功率 W_E 变小，因此可知超过了最大功率点（D 点）。此时，将目标输出电压返回到 V_D，测出此时的输出功率 W_D，如果 $W_D>W_E$，再将目标输出电压返回到 V_C，同样测出此时的输出功率 W_C，如果 W_D 大于 W_C，可知又超过了最大功率点 D 点。这样不断地重复以上的过程使其在最大功率点 D 点附近运行，使太阳能电池的输出功率最大。这种方法不适用于当太阳能电池的输出功率曲线存在 2 个以上峰值的情况，为了对应这种情况，可使用扫描法。

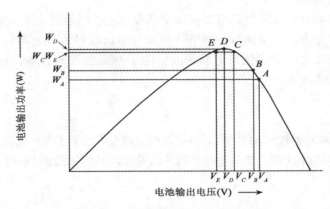

图 2.33　登山法最大功率点跟踪控制

4. 孤岛运行检测

当太阳能光伏发电系统与电网的配电线连接处于并网运行状态，电网由于故障停电时，如果太阳能光伏发电系统所产生的电能继续送往配电线，这种运行状态称为孤岛运行状态。孤岛运行不仅妨碍停电原因的调查、耽误系统尽早恢复运行，而且有可能给配电系统的某些部分造成损害。为了确保停电作业者的安全以及消除系统恢复供电时的障碍，电网停电时，必须使太阳能光伏发电系统与电网自动分离。

功率控制器具有检测出孤岛运行状态的功能，称为孤岛运行检测。一般来说，孤岛运行检测功能除了对电压、频率进行监视外，还必须具有主动式、被动式这两种孤岛运行检测功能。这是因为：系统停电时，通常根据系统电压、频率的异常检测出是否停电，但当太阳能光伏发电系统所产生的电能与用户的消费一致时，不会引起系统的频率、电压变化，此时无法检测出电网是否停电。

功率控制器除了上述的直、交电能转换、最大功率点跟踪控制、孤岛运行检测等功能外，还有自动运行停止、自动电压调整、系统并网控制、系统并网保护等功能。

新一代功率控制器具有网络信息传输、自动故障诊断等智能功能。智能功率控制器可用于智能微网、智能电网等，它可对太阳能电池方阵进行故障诊断，检测系统的发电输出功率是否降低，进行人机对话，与电网进行信息交流等，可满足低成本、高性能、长寿命、高可靠性等要求。

2.5.5　其他设备

其他设备主要包括支架、接线盒、汇流箱、户用配电盘以及买电、卖电用电表等。

1. 支架

支架一般由镀锌金属钢架结构等构成，主要作用是支撑太阳能电池、满足机械强度、抗风强度等，并使在其上安装的太阳能电池具有正确的方位，与该地的纬度相同的倾斜角，使太阳能电池具有较大的发电功率。

在屋顶安装支架时一般采用先将支架固定在屋顶上，然后将太阳能电池组件固定在支架上的方法。支架分为与屋顶面平行的平行型和与屋顶面保持一定角度的非平行型两种。在山坡、地面上安装太阳能光伏发电系统时，为了降低支架的成本，也可采用桩埋式基础，在桩上安装支架的方法。

2. 接线盒

接线盒安装在太阳能电池组件的背后，在接线盒内有组件的正、负电极引线，外有连接件便于组件的连接，并装有旁路二极管等电子器件以保证太阳能电池组件有较大的输出功率。

3. 汇流箱

汇流箱位于太阳能电池的输出端，用来对各支路太阳能电池进行有序的连接，并接入功率控制器。图 2.34 为汇流箱电路，主要由阻塞二极管、直流断路开关(或保险丝)以及避雷装置等构成。汇流箱有铁制、不锈钢制、室内用以及户外用等种类，但室外使用时应有防水、防锈的功能。

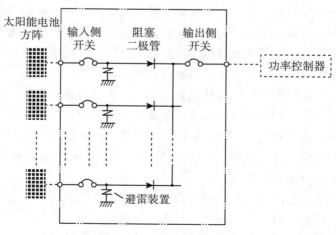

图 2.34　汇流箱电路

汇流箱具有将直流电送往功率控制器的作用，用电缆将太阳能电池方阵的输出与汇流箱内的阻塞二极管、直流开关相连，然后与功率控制器连接。检查时可将电路分离，使操作更容易, 太阳能电池出现故障时, 使停电范围限定在一定的范围之内, 可进行绝缘电阻测量、短路电流的定期检查。

直流开关用来接通或断开来自太阳能电池的电能, 一般设有输入侧开关和输出侧开关。输入侧开关设置在太阳能电池方阵侧, 用来切断来自太阳能电池的最大直流电流(太阳能电池方阵的短路电流), 一般使用配线用断路器; 输出侧开关应满足太阳能电池方阵的最大使用电压以及最大通过电流, 具有开关最大通过电流的能力, 与输入侧开关一样, 一般使用配线用断路器。

避雷装置用来保护电气设备免遭雷击。当雷电流发生时, 雷电流经避雷装置流入地线, 从而保护电气设备免遭破坏。为了保护太阳能电池方阵、功率控制器等, 在汇流箱中每个串联组件支路都设有避雷装置, 整个太阳能电池方阵的输出端也设置了避雷装置。另外, 对有可能遭受雷击的地方, 对地间以及线间需设置避雷装置。

4. 配电盘

配电盘用来将送入住宅内的电能分配给各种电器使用。户用太阳能光伏发电系统一般通过住宅内的配电盘与电网并网, 太阳能光伏发电系统所产生的电能无论是供给住宅内的负载使用还是将剩余电能送往电网都需通过配电盘来完成。

5. 买电、卖电用电表

在并网型太阳能光伏发电系统中, 当光伏发电有剩余电能时需要送入电网(卖电), 而当光伏发电功率不足时, 需要电网向负载供电(买电), 所以需要使用电表(卖电表和买电表)对电量进行计量。

电表有圆盘式、电子式以及智能式等种类, 一般家庭多使用圆盘式和电子式电表。太阳能光伏发电系统的剩余电能出售给电网时, 应分别设置带有防逆转功能的卖电用电表和买电用电表。如图 2.35 所示, 卖电用电表一般安装在用户(电源侧)一侧, 当然, 如果买、卖电的价格相同, 并且不存在其他问题, 也可利用电表可逆旋转的原理, 反送电时电

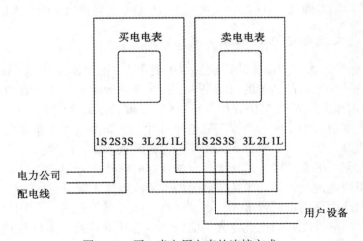

图 2.35　买、卖电用电表的连接方式

表逆旋转使电量抵消，在这种情况下使用一台电表也可。除了传统的圆盘式和电子式电表之外，新一代智能电表正在得到应用与普及。

2.6　聚光式太阳能光伏发电系统

积层太阳能电池由多种不同种类的太阳能电池构成，虽然转换效率较高，但成本也高，主要用于卫星、空间实验站等宇宙空间领域。由于大面积的积层太阳能电池组件在地面上难以应用，但如果使用成本较低的反光镜（如凸透镜）进行聚光，小面积的电池芯片也可产生足够的电能，因此可将宇宙空间使用的积层太阳能电池应用于地面的太阳能光伏发电系统中。

本节主要介绍聚光比与太阳能电池的转换效率的关系、聚光式太阳能电池的构成及发电原理、聚光式太阳能光伏发电系统的特点、跟踪式太阳能光伏发电系统以及应用等。

2.6.1　聚光比与转换效率

在聚光式太阳能光伏发电系统中，太阳能电池芯片一般采用 InGaP/InGaAs、GaAs 以及硅太阳能电池，图 2.36 为不同芯片的聚光比与转换效率的关系。聚光比是指聚光的辐射强度与非聚光的辐射强度之比。聚光型太阳能电池芯片的短路电流密度与聚光比成正比，开路电压随聚光比的对数的增加而缓慢增加，而且填充因子也随聚光比的增加而增加，所以与非聚光太阳能电池芯片相比，聚光比的增加可使聚光太阳能电池芯片的转换效率增加。

由图可知，非聚光时，硅芯片的转换效率为 18%、GaAs 芯片的转换效率为 24%，InGaP/InGaAs/Ge 三接合芯片的转换效率为 32%，而在聚光时，硅芯片的聚光比为 100 时的转换效率为 23%，GaAs 芯片的聚光比为 200 时的转换效率为 29%，InGaP/InGaAs/Ge 芯片的聚光比为 500 时的转换效率为 40%。可见，使用不同的材料的太阳能电池芯片时，聚光比越高则转换效率越高。另外，芯片的转换效率起初随聚光比增加而上升，在某聚光比时转换效率达到最大值后随即降低，且硅芯片串联电阻 R_s 越小，转换效率的最大值越大。

2.6.2　聚光式太阳能电池的构成及发电原理

图 2.37 为聚光式太阳能电池的构成，它主要由太阳能电池芯片、凸透镜等构成，图中使用一次凸透镜和二次凸透镜的目的是为了提高聚光效率。其发电原理是：使用凸透镜聚集太阳光（目前聚光比可达 550 倍左右），然后将聚光照射在安装于焦点上的小面积太阳能电池芯片上发电，由于照射到太阳能电池芯片上的光能量密度非常高，半导体内部的能量转换效率也高，所以可大幅提高太阳能电池的转换效率。需要指出的是聚光式太阳能电池主要利用太阳光的直达成分的光能，云的反射等间接成分的光能则无法被利用。

聚光式太阳能电池与常见的黑色或蓝色的太阳能电池不同，它的表面由具有透明感的透镜构成，采用凸面反射镜进行聚光，目前塑料制凸透镜为主流。太阳能电池芯片一般使用转换效率高、耐热性能好的化合物太阳能电池，芯片的转换效率已经达到 43.5% 以上，将来预计可达 50% 左右。

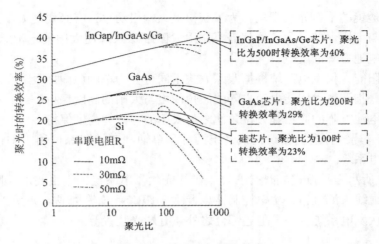

图 2.36 聚光比与转换效率

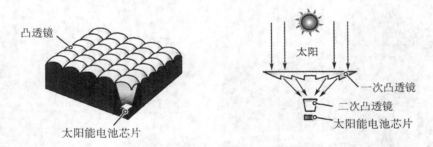

图 2.37 聚光式太阳能电池的构成

2.6.3 聚光式太阳能光伏发电系统的特点

聚光式太阳能光伏发电系统的优点：①可大幅减少太阳能电池的使用量，通常只有平板式光伏系统太阳能电池使用量的千分之一；②可大大提高太阳能电池的转换效率；③由于使用太阳跟踪系统，使太阳能电池始终正对太阳，因此可使发电量增加；④跟踪需要动力，一般为太阳能电池输出功率的 1%以下；⑤由于跟踪式太阳能电池之间留有间隔，相互不会发生碰撞，系统可以安装在空地、绿地上，对草、植物的生长不会产生大的影响。

聚光式太阳能光伏发电系统的缺点：①最大的缺点是发电输出功率受气候的影响较大，输出功率变动较大，对电力系统的影响较通常的太阳能光伏发电系统大；②太阳能电池表面温度较高；③不适应于年日照时间低于 1800h 的地域；④安装时需要进行缜密的实地调查和发电量预测；⑤与晶硅系、薄膜太阳能电池比较，实际生产和安装较少；⑥目前聚光式太阳能光伏发电系统主要安装在地面，与屋顶安装的晶硅系、薄膜太阳能电池用支架相比，支架重量较重。

2.6.4 跟踪式太阳能光伏发电系统

太阳能光伏发电系统的输出功率与太阳的光照强度密切相关，聚光式太阳能电池主要利用垂直于凸透镜的平行光线发电，为了获得最大输出功率，有必要使太阳能电池方阵的倾角和方位角与太阳保持一致，这就需要使用太阳跟踪系统使太阳能电池始终跟踪太阳，以提高太阳能电池方阵的发电量。

跟踪式太阳能光伏发电系统根据跟踪方式不同可分为单轴（1 轴）跟踪和双轴（2 轴）跟踪，单轴跟踪是指调整太阳能电池方阵的倾角使之与太阳的高度保持一致，而双轴跟踪是指调整太阳能电池方阵的倾角和方位角使之与太阳的方位和高度保持一致。太阳跟踪系统可分为平板式（非聚光）系统和聚光式系统两种，单轴和双轴跟踪可用于平板式和聚光式太阳能光伏发电系统。

如图 2.38 所示为平板式（非聚光式）太阳能光伏发电系统，它主要由太阳能电池、支架、直流电路配线、汇流箱、功率控制器以及太阳跟踪系统等构成。如图 2.39 所示的聚光式太阳能光伏发电系统，除了上述部分之外还有聚光装置等。

（非聚光式）

图 2.38　单轴跟踪式系统

（聚光式）

图 2.39　双轴跟踪式系统

太阳跟踪系统由光传感器、驱动电机、驱动机构、蓄电池以及控制装置等构成。跟踪原理一般有两种：一种是利用光传感器检测太阳的位置，控制驱动轴，使太阳能电池方阵正对太阳。另一种是程序方式，即根据太阳能电池安装的经纬度和时刻计算出太阳的位置，控制驱动轴使太阳能电池方阵正对太阳。驱动电机一般采用无刷直流电机，如步进电机等，跟踪用电机的耗电非常小，大约为太阳能电池输出功率的 1% 以下。蓄电池一般采用铅蓄电池、锂电池、EDLC 等。控制装置可对发电过程进行控制，出现严重故障时可停止跟踪系统工作。除此之外，当强风、台风出现时，控制装置可调整太阳能电池的角度使其承受的风压最小，并使系统停止运行。

有关聚光式太阳能电池发电特性，一般来说，非聚光式太阳能电池的面积越大、由组件构成的方阵越大，则转换效率会变低，而对聚光式太阳能电池而言，由多个相同芯片构成的组件仍具有较高的转换效率，填充因子在 0.8 以上。

聚光式太阳能电池的温度系数较低，一般为 $-0.17\%/℃$，大约是多晶硅电池的 1/3，CIGS 薄膜电池的 1/4，因此环境温度较高时对其输出电压几乎没有影响。由于聚光式太阳能电池采取跟踪方式以及温度系数较低，所以聚光式太阳能光伏发电系统的发电输出功率在午后到傍晚较大，是相同面积的晶硅太阳能电池输出功率的 2 倍左右，因此聚光式太阳能光伏发电系统可在夏季电力需要高峰期为负载提供更多的电能。

2.7 太阳能光伏发电系统应用

太阳能光伏发电系统的应用已经非常广泛，应用的范围已遍及民用、产业、宇宙等众多领域。目前主要应用领域为：宇宙开发、通信、道路管理、汽车、运输、农业、住宅、大中规模太阳能发电站等。这里主要介绍太阳能光伏发电系统在民用、产业、大楼、集中并网以及大型光伏电站等方面的应用。

2.7.1 民用太阳能光伏发电系统

1. 太阳能手表

图 2.40 为太阳能手表的外观及断面图，它采用非晶硅太阳能电池发电，太阳能电池较薄，可以做成各种不同的形状以满足各种手表对外观的要求，现在一般将透明、柔性太阳能电池安装在手表本体内文字板的外圈并成圆形布置。

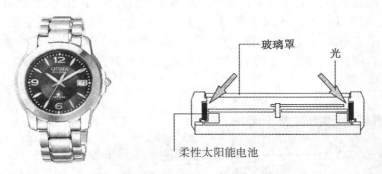

图 2.40 太阳能手表的外观及断面图

2. 防灾、救助太阳能光伏发电系统

图 2.41 为路灯用太阳能光伏发电系统。该系统由太阳能电池、蓄电池、LED 照明灯等构成，可在发生地震、台风等灾害时为避难引导灯、照明以及防灾无线电通信等提供电源。

2.7.2 户用太阳能光伏发电系统

户用太阳能光伏发电系统的应用正在不断增加，除了在旧住宅大量安装之外，新建住宅也在大量安装太阳能光伏发电系统。标准的户用太阳能光伏发电系统一般为并网型，南向设置，容量为 3~5kW，作为分布电源使用。

图 2.41 路灯用太阳能光伏发电系统

在户用太阳能光伏发电系统中，当光伏发电系统所产生的电能大于负载功率时，则通过配电线向电力公司卖电；相反，则从电力公司买电。一般来说，全年发电量中大约 40% 的电量供住宅内的负载消费，余下的 60% 出售给电力公司，由于夜间太阳能光伏发电系统不能发电，因此，住宅所需约 60% 的电量需要从电力公司买入。图 2.42 为户用太阳能光伏发电系统。

图 2.42 户用太阳能光伏发电系统

2.7.3 产业用太阳能光伏发电系统

产业用太阳能光伏发电系统包括大楼、高层建筑物、学校、工厂等处设置的太阳能光伏发电系统。该系统可采用常用的太阳能电池组件，也可采用建材一体型太阳能电池组件。组件有标准型、屋顶材一体型以及强化玻璃复合型等。

图 2.43 为大学校园内设置的屋顶型太阳能光伏发电系统，系统容量为 40kW，太阳能电池方阵约 400m²，日照量为 1500kWh/m²，整个系统所产生的电量约为 45000kWh。太阳能光伏发电系统所产生的直流电能由 4 台逆变器转换成交流电后供学校照明、空调设备使用。

图 2.43 屋顶设置型太阳能光伏发电系统

2.7.4 集中并网型太阳能光伏发电系统

随着住宅小区以及居住型城市的建设，集中并网型太阳能光伏发电系统将会得到应用与普及。图 2.44 为在某地域的住宅和公共设施上设置的集中并网型太阳能光伏发电系统，住宅约 500 栋，容量为 1000kW，该系统可为 300 栋住宅负载提供电能。

2.7.5 大型太阳能光伏发电系统的应用

为了解决远离电网的偏远地区的民用、工业等用电问题，有效利用人口稀少，沙漠、荒地等丰富的土地资源，充分利用太阳辐射较强的太阳能资源、满足调峰和承担基荷等的需要，大型太阳能光伏发电系统的应用和普及十分必要。

大型太阳能光伏发电系统一般是指容量在 1MW 以上的系统。在太阳能资源非常丰富的西北(如沙漠地区)、西南等地区建设大型太阳能光伏发电系统非常必要，大型太阳能光伏发电系统产生的电能除了供当地使用之外，还可以将电能送入电网，远距离传输到大城市使用，如我国在敦煌附近建造的大型太阳能光伏发电系统。

利用城市周边的荒地、城区的工厂、学校、购物中心、大型停车场等建筑物的屋顶可

图 2.44　集中并网型太阳能光伏发电系统

设置大型太阳能光伏发电系统，一方面可就地发电，就地使用；另一方面可减轻电网的峰荷压力。大型太阳能光伏发电系统如图 2.45 和图 2.46 所示(上海世博会)。

图 2.45　大型太阳能光伏发电系统

图 2.46　大型光伏系统(上海世博会)

2.7.6　聚光式太阳能光伏发电系统的应用

2008 年 10 月，16MW 的聚光式太阳能光伏发电系统已在西班牙投入运行，聚光比约500 倍，转换效率为 20% ~ 28%，大约是晶硅系组件的 2 倍，芯片单位面积的发电量为晶硅系组件的 100 倍。

第3章　太阳热发电

地球上的热能主要来自太阳的辐射，它是一种取之不尽，用之不竭的清洁能源。太阳热发电是将反射镜等聚集的太阳光通过加热工质转换成热能，然后将热能转换成电能的发电方式。太阳热发电有塔式、槽式以及蝶式等方式，目前槽式太阳热发电应用较多，塔式太阳热发电次之。由于太阳热发电有许多优点，各国正在大力应用和普及太阳热发电。

本章主要介绍太阳热能、太阳热发电的种类和特点、发电原理、发电系统以及在发电方面的应用等。

3.1　太阳热能

太阳约有 1.2×10^{34} J 的能量释放到宇宙，其中22亿分之一(约 5.5×10^{24} J)的能量到达地球的大气层。大气层反射约30%，吸收约24%，因此约有 3.0×10^{24} J 的能量到达地球表面。太阳的能量包括光能和热能，太阳的热能极其巨大，地球所拥有热能的99.97%来自太阳。

我国西北的面积约占国土面积的三分之二，太阳热资源非常丰富，约为16GW。沙漠面积为330万平方米，如果利用沙漠的太阳热进行发电，将为我国提供用之不竭的电能。

3.2　太阳热发电的种类和特点

人类利用太阳能已有3000多年的历史，约400年前开始把太阳能作为一种能源和动力加以利用。到了近代，人类在利用太阳的能量时，除了利用太阳的光能发电之外，还利用太阳的热能进行发电，称为太阳热发电。

3.2.1　太阳热发电的种类

太阳热发电一般采用聚热的方式，即利用反射镜等聚集太阳的能量，利用所获得的太阳热能对水或工质进行加热，使之沸腾并产生蒸汽，然后使蒸汽轮机运转。蒸汽轮机又称汽轮机，它利用高温高压的水蒸气将热能转换成机械能，驱动发电机发电。太阳热发电按聚热方式分类可分为三种，即塔式太阳热发电、槽式太阳热发电以及蝶式太阳热发电，如表3.1所示。

表 3.1　　　　　　　　　　　　　太阳热发电的种类

太阳热发电种类	聚 光 方 式
塔式太阳热发电	使用平面镜聚集太阳热发电

续表

太阳热发电种类	聚 光 方 式
槽式太阳热发电	使用曲面镜聚光，将曲面镜中央的聚热管加热发电
蝶式太阳热发电	将大型抛物面天线聚集到的太阳光能量直接转换成电能

塔式太阳热发电是在塔的周围安装大量的平面镜，将聚集的太阳光投射到塔顶的集热管上，使其中的水加热并产生蒸汽，推动蒸汽轮机运转，带动发电机发电。

槽式太阳热发电是通过曲面反射镜将太阳光反射到安装在曲面镜中央的聚热管上，并将工质加热，利用产生的蒸汽驱动蒸汽轮机机组运转并带动发电机发电。槽式太阳热发电的技术相对成熟，目前应用最广泛的是抛物面槽式太阳热发电方式。

蝶式太阳热发电的反射镜的形状类似大型抛物线天线，它将聚集得到的太阳光能量通过电能转换装置直接转换成电能。蝶式太阳热发电的效率最高，且便于模块化配置。

3.2.2　太阳热发电的特点

太阳热发电有许多优点，太阳热是一种清洁能源，发电时不产生如二氧化碳之类的环境污染物，发电使用太阳的热能，不需要其他能源，发电输出功率比较稳定。使用大型的聚光设备，锅炉，配管以及发电机等即可发电，设置之后运行成本较低，是一种较为简单的发电方式。

太阳热发电的缺点是需要安装大量的聚光设备等，需要较大的安装场地、占用大量的土地，安装条件受到一定的限制。另外，发电对太阳辐射量有一定的要求，发电易受天气、气候的影响。为了产生大量的电能，一般将太阳热发电站建设在日照条件较好，日照时间较长的地方，因此太阳热发电主要集中在沙漠、干燥地区，如我国西部的沙漠地带等。太阳热发电一般安装在远离大城市的地方，为了利用太阳热发电的电能，有的情况下需要增设输电线路，有可能使太阳热发电的发电成本增加。

各种太阳热发电系统的特点如表 3.2 所示。

表 3.2　　　　　　　　　　　　各种太阳热发电系统的特点

	塔　　式	槽　　式	蝶　　式
特点	1. 具有较高的转换效率和潜在的运行温度； 2. 可高温蓄热； 3. 可联合运行	1. 具有商业运行的经验； 2. 发电效率约为 15%； 3. 对材料要求不高； 4. 可模块化或联合运行； 5. 可以采用蓄热降低成本	1. 转换效率较高，可达约 30%； 2. 可模块化或联合运行

3.3　太阳热发电原理

图 3.1 所示为太阳热发电动作原理。所谓太阳热发电，是指使用反射镜(聚光器)等将太阳的光能进行高效聚集，使水等工质产生高温高压的蒸汽(集热管)，然后通过蒸汽

轮机驱动发电机，将热能转换成电能的发电方式。图中的蓄热器用来储存热能以便在夜间等需要时用于发电。

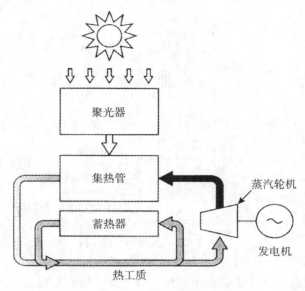

图 3.1 太阳热发电动作原理

太阳热发电与太阳光发电的原理完全不同，太阳光发电使用半导体转换装置，将太阳光的能量直接转换成电能。而太阳热发电首先通过反光镜等聚集太阳光，在集热管处产生高温，将聚集的太阳光能转换成热能，然后蒸汽轮机利用热能推动发电机发电。与太阳光发电相比，太阳热发电系统结构比较复杂、成本较高，但发电输出功率比较稳定。

3.4 太阳热发电系统

太阳热发电系统按聚热方式分类可分为三种，即塔式太阳热发电系统、槽式太阳热发电系统以及蝶式太阳热发电系统。

3.4.1 塔式太阳热发电系统

塔式太阳热发电系统的构成如图 3.2 所示。该系统主要由平面镜、集热管、水槽、蓄热器、凝汽器、蒸汽轮机以及发电机等构成。平面镜为独立跟踪太阳的定日镜，用来反射太阳光，并将光聚集起来投向塔顶的集热管。集热管用获得的太阳能加热集热管中的水等工质，并予以储存。水槽用来储存水，以供使用。蓄热器用来储存热能。凝汽器是将蒸汽轮机排气冷凝成水的一种热交换器。蒸汽轮机用来将热能转换成旋转的机械能，带动发电机发电，发电机用来将旋转机械能转换成电能。

塔式太阳热发电的工作原理是：在塔的周围安装大量的平面镜，将聚集的太阳光投射在塔顶的集热管上，使其中的工质液体，如水等加热并产生蒸汽，蒸汽驱动蒸汽轮机运转并带动发电机发电。平面镜的枚数可达数百枚甚至数千枚，塔顶的集热管内的工质液体可加热至 800～1000℃，一般可达到约 550℃，系统效率可达到 20%～35%。塔式太阳热发电系统的应用和普及量仅次于槽式太阳热发电系统。

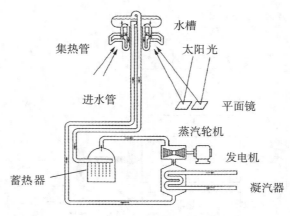

图 3.2　塔式太阳热发电系统

图 3.3 所示为跟踪塔式太阳热发电系统。在地面安装有反射镜，将光投向塔顶的集热管，并加热工质，使蒸汽轮机旋转并带动发电机发电。为了提高聚光效率，本系统使用计算机对平面镜的方向进行跟踪控制，使平面镜聚集的太阳光达到最强，投向塔顶的集热管的太阳光最大，以增加发电机的输出功率。另外，目前一般采用蒸汽轮机将蒸汽的能量转换成旋转的机械能，将来有望采用燃气轮机以提高发电系统的效率。

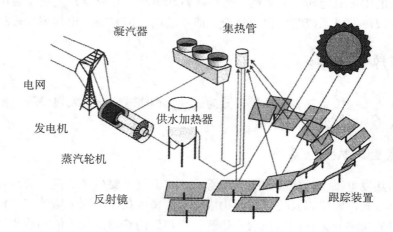

图 3.3　跟踪塔式太阳热发电系统(太阳光跟踪式)

3.4.2　槽式(曲面镜)太阳热发电系统

图 3.4 为槽式太阳热发电的概念图。它由曲面反射镜、集热管以及支架等组成。其工

作原理是：通过曲面反射镜将太阳光反射到集热管上，将集热管内的液体工质加热，使温度达到400℃左右，然后将其送至热交换器并产生约380℃的蒸汽，最后推动汽轮发电机组发电。

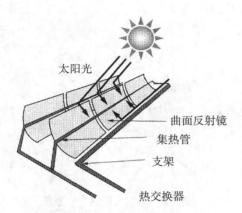

图 3.4　槽式太阳热发电的概念图

图 3.5 为槽式太阳热发电系统的构成。由平面镜、抛物面槽式聚光器（曲面镜）、热交换器、蓄热器、蒸汽轮机以及发电机等构成，系统主要包括槽式抛物面聚光系统、导热介质及循环系统、蒸汽发生系统和蒸汽轮机发电系统。

槽式太阳热发电系统的发电原理是：该系统通过抛物面槽式聚光器，将太阳光汇聚在聚光器中央的真空管吸热器上，并对真空管内的导热介质进行加热，然后利用产生的高温、高压蒸汽驱动蒸汽轮机运转，带动发电机发电。由于聚热管较长，会出现热损失和使工质循环的动力损失，槽式太阳热发电系统的发电效率约为15%。

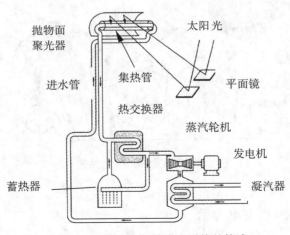

图 3.5　槽式太阳热发电系统的构成

图 3.6 为槽式太阳热发电系统。它使用较早，目前普及量也最多。该发电系统采用曲面形反射镜（曲面镜），使用多枚反射镜聚集太阳光，在焦点处将工质加热产生高温蒸汽，并通过管道送往蒸汽轮机，驱动蒸汽轮机转动并带动发电机发电，电能输往电力系统。

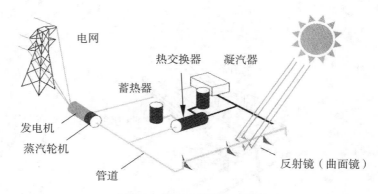

图 3.6　槽式太阳热发电系统

3.4.3　蝶式太阳热发电系统

图 3.7 为蝶式太阳热发电系统，该系统由聚光器、电能转换装置等构成。聚光器的形状类似大型抛物面天线，直径为 5～15m，它将聚集的太阳光能量通过电能转换装置直接转换成电能，发电功率一般在 5～50kW，如果需要较大的发电功率，可配置多台装置。工质温度约 750℃时系统的发电效率可达 30% 左右。

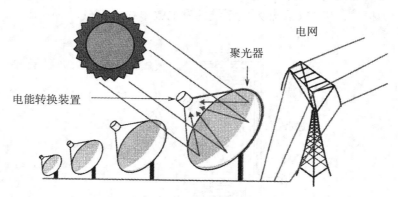

图 3.7　碟式太阳热发电系统

3.4.4　蓄热混合太阳热发电系统

为解决太阳热发电的间歇性和不稳定性，在太阳热发电系统中也可配置蓄热装置，以实现持续发电或提高电能输出的平稳性。这种带有蓄热装置的太阳热发电系统称之为蓄热混合太阳热发电系统。与太阳光发电相比，蓄热混合太阳热发电系统可将热能存储起来，在气候条件较差时或夜间也可发电，因此在电力系统中可用来进行调峰、储能等，而且热能储存成本要比电池储存电能的成本低得多。

图3.8为蓄热混合太阳热发电系统，它主要由集热部分、蓄热部分以及发电部分组成。蓄热部分由高温罐和低温罐构成，蓄热时将从低温罐取出低温工质(熔融盐)，经热交换器加热后储存在高温罐中；排热时则相反。该系统夜间可发电，不受太阳的短时间辐射变动的影响。

如果在蓄热太阳热发电系统中增设加热用的锅炉，则该系统可以保证夜间、太阳的辐射较少的冬季有足够的发电功率，当然为了节约能源、削减二氧化碳排放量，应尽量避免使用锅炉。

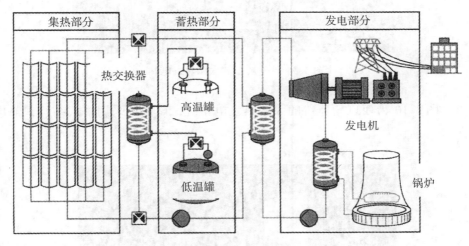

图3.8 蓄热混合太阳热发电系统

3.5 太阳热发电系统应用

为了保障能源的可持续供给，减少污染物排放，世界各国高度重视太阳热发电。我国十分重视太阳热在热水器、发电等方面的应用，热水器的产量和普及量都居世界首位。

图3.9所示为位于北京延庆的八达岭塔式太阳热发电站，地面设有一百多面、共1万平方米的定日镜(自动跟踪日光)，把太阳光投射到塔顶的集热管表面，驱动蒸汽轮机并带动发电机发电。

八达岭塔式太阳热发电站是亚洲最大的塔式太阳能热发电站，于2012年8月成功发电。塔高达120m，发电功率为1MW，年发电量为195万kWh，每年可节约标准煤663t，减少二氧化碳排放量约2337t，粉尘颗粒136t。这种发电方式输出比较平稳，环境影响较小。

西班牙等国将太阳热发电等可再生能源的应用作为一项能源战略，大力利用和普及太

图 3.9　八达岭塔式太阳热发电站

阳热发电。图 3.10 为西班牙建造的太阳热发电系统，该系统采用塔式结构，输出功率为 20MW。

图 3.10　西班牙 20MW 太阳热发电系统

　　图 3.11 为在美国加利福尼亚州莫哈韦沙漠建造的塔式太阳热发电系统概要图，图 3.12 为该发电站的塔式太阳热发电系统。该系统采用了 35 万多面平面镜，由计算机控制，将锅炉管道中的水加热至 1000℃，所产生的蒸汽驱动汽轮发电机组发电。

　　图 3.13 为在美国内华达州建造的大规模槽式太阳热发电系统，该系统安装有大量的曲面镜，将各曲面镜的热回收至蓄热装置，利用发生的蒸汽驱动蒸汽轮机旋转，带动发电

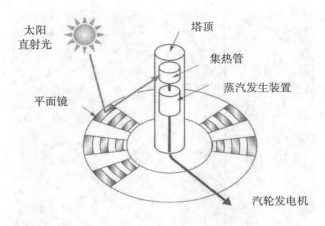

图 3.11　美国莫哈韦沙漠塔式太阳热发电系统概要图

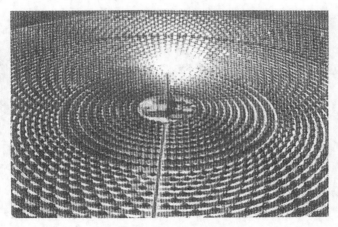

图 3.12　美国莫哈韦沙漠塔式太阳热发电系统

机发电。该系统的装机容量为 64MW，年发电量可达 130GWh。

　　该系统在半圆筒形的反射镜的中央配置管道，聚集的太阳光被投射在管道上，将管道内的油等工质加热，利用该热能发电。这种方式不必像塔式太阳热发电系统那样将太阳的光能集中到一点，但由于油在管道中移动的距离较长，所以热能损失较大。

　　图 3.14 为 DESERTEC-EUMENA 计划的概要图。在浩瀚无边的沙漠地带，不到 6h 的太阳光辐射的能量相当于全球的年消费量。在北非的沙漠里正在推进一项称之为 DESERTEC-EUMENA 的宏大计划，将建造大型太阳光、太阳热、风力发电系统等，通过长距离高压输电线将电力输送到欧洲。太阳热发电站的容量为 2GW，可为约 70 万户家庭提供电力，可创造 2 万人的就业机会。

图 3.13　美国内华达州大规模槽式太阳热发电系统

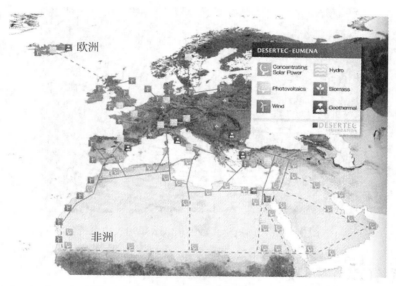

图 3.14　DESERTEC-EUMENA 计划概要

第4章 风力发电

风力发电是使用风车、增速机、发电机等将空气流动(风)的动能转变成电能的一种发电方式。风力发电主要有陆上风力发电和海上风力发电。由于化石燃料的枯竭以及使用化石燃料发电所产生的大量有害气体排放所引起的环境问题,最近风力发电受到人们的高度关注,世界各国正在大力普及风力发电。另外,由于地球上的风能资源非常丰富,风力发电可为人类提供大量的清洁能源,因此具有广阔的开发应用前景。

本章介绍风能、风力发电原理、种类和特点、风力发电系统、陆上风力发电、海上风力发电以及风力发电应用等内容。

4.1 风能

风能由大气的循环而产生。大气的循环是在太阳能的作用下,由不同地域(如赤道与北极、南极)之间的温差引起的热对流产生的。太阳辐射较强的地方则气温上升,如在海面形成高气压,空气上升,在上空形成低气压,这样形成的高、低气压之间的气压差导致风的产生。一方面,在赤道附近的暖气流上升并经由上空流向极地(南极、北极),另一方面,极地的冷气沿地表面流向赤道。而在地球表面,由于陆地与海洋的热容量不同,所以产生风。另外,地球的自转会导致偏西风的发生。

风能是一种可再生的清洁能源,具有能量密度低,风向、风速变化的特点。地球上的风能资源非常丰富,约占太阳辐射到地球的总能量的 0.2%。全球的风能约为 $2.74×10^9$ MW,其中可用来发电的风能资源约有 100 亿千瓦,我国可开发利用的风能储量约 10 亿千瓦,其中,陆地上约为 2.53 亿千瓦,海上约为 7.5 亿千瓦,可见我国的风能资源非常丰富,所以有必要大力开发风能资源,为人类提供所需能源。

4.1.1 风能

风来自空气的流动,流动的空气是一种流体,它具有动能。如果流体的质量用 m 表示,速度用 v 表示,则运动物质的动能为 $\frac{1}{2}mv^2$。如果受风面积为 $A(\mathrm{m}^2)$,风速为 $v(\mathrm{m/s})$,则单位时间通过的空气的质量为 ρAv,风能 $P(\mathrm{W})$ 可用下式表示:

$$P = \frac{1}{2}(\rho Av)v^2 = \frac{1}{2}\rho A v^3 \tag{4.1}$$

式中,$\rho(\mathrm{kg·m^{-3}})$ 为空气密度,气压为 1,温度为 0℃时,ρ 为 1.293$\mathrm{kg·m^{-3}}$。由式(4.1)可知,风能与受风面积 A、风速 v 的三次方成正比,风速越大风车所获得的风能越大,因此利用风车发电时应将风车安装在风速较大的地方，以便获得较大的发电功率。

4.1.2　风速的高度分布

由于风车所获得的风能与风速 v 的三次方成正比，因此如何利用较大的风速非常重要。风速会受山川、湖泊、海洋、森林、田地、建筑物等的影响呈复杂的变化，这对风力发电有很大影响。地表附近的风速较小，而上空的风速较大，风速与高度的关系可用式（4.2）表示。

$$v = v_1 \left(\frac{h}{h_1} \right)^{1/n} \tag{4.2}$$

式中，v_1 为高度 h_1 时的风速；n 为地表系数，大城市可取 2、森林可取 4、平原可取 7、海面可取 10 等。

如图 4.1 为风速的高度分布图。在地表由于植物、建筑物等的摩擦的影响，风速较小，越往上风速越大，例如地上 10m 处的风速是地面风速的约 1.2 倍，单位面积的风能是地面的约 1.7 倍，而地上 50m 处的风速是地面的约 1.3 倍，单位面积的风能是地面的约 2.2 倍。由于越到上空风力越强，风向变动较少，因此风车的高度也在不断增加，且越来越大型化。

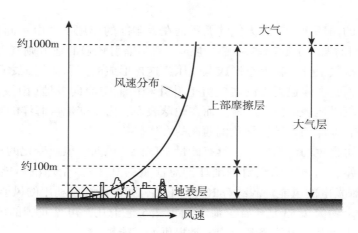

图 4.1　风速的高度分布图

4.2　风力发电原理

人类很早就开始使用风能，如使用风能抽水、磨面、灌溉、驾驶帆船等。到了 20 世纪初人类开始利用风能进行发电，即利用风力使风车低速旋转，将风的能量转换成旋转的能量（动能），然后利用增速机将旋转的速度提升，带动发电机发电，将风能转换成电能，称为风力发电。

4.2.1 风力发电输出功率

风力发电输出功率的理论式可用下式表示。

$$P = \frac{1}{2}\rho\pi r^2 v^3 C_p \eta_g \eta_c \qquad (4.3)$$

式中，r 为叶片的半径，m；v 为风速，m/s；ρ 为空气密度；C_p 为风车效率(又称输出功率系数)；η_g 为发电机效率；η_g 为齿轮箱效率。由上式可见，叶片的半径、风速的变化对发电输出功率影响较大。

图 4.2 为风力发电输出功率与风速、半径的关系。可见风力发电的输出功率与风速的三次方、叶片的半径的二次方成正比，也就是说风速增加 2 倍时则输出功率增加 8 倍、叶片的半径增加 2 倍时则输出功率增加 4 倍。因此，为了增加风力发电的输出功率，一方面要充分利用较大的风速，另一方面需要加大受风面积。加大叶片的半径、增加风车的高度可使风车的发电输出功率增加。近年来风车的容量越来越大，单机容量已达 8MW 以上，风车的大型化是一种趋势。

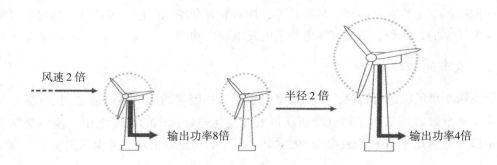

图 4.2　风力发电输出功率与风速、半径的关系

4.2.2 风力发电的输出功率特性

图 4.3 所示为风力发电的输出功率特性，它表示风速与风车的输出功率之间的关系。启动风速为 3~4m/s，是开始发电所需的最低风速；额定风速为 11~12m/s，是风车的额定输出功率时的风速；停止风速为 25m/s，是发电的最大风速，超过此风速时应停止发电，并使风车处于停止状态。

一般来说，当风速达到 3m/s 时，风车开始转动，风速达到 11~12m/s 时，风车达到额定输出功率，风速达到 25m/s 的强风时则风车停止工作以保证其安全。从启动风速到额定风速之间，风车的输出功率与风速的三次方成正比，超过额定风速后，变桨控制开始工作并释放风能，以保证风车处于额定输出功率状态。

风车的转速一般在 9~20r/min，为了使该转速与发电机的转速(如 1500r/min)相匹配，

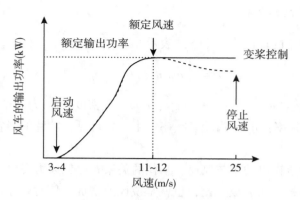

图 4.3　风力发电的输出功率特性

一般通过由齿轮构成的增速机构来提高转速。发电机产生的交流电能通过变压器升压，然后与电力系统并网，将电能送往电网。

由于自然环境等因素的影响，有时风向会发生变化，为了使风车尽可能有效利用风能，一般在风车上装有风向标、风速计等，调向装置利用风向标、风速计所测得的风向和风速调整风车的方向等，以提高风电机组的发电输出功率。

4.2.3　风车的转换效率

利用风车对风能进行转换，转换效率由于受一些因素的影响不可能达到 100%，一般用输出功率系数 C_p 来表示，即风车所获得的能量与通过风车的风能之比。输出功率系数的理论最大值为 0.593（理论效率为 59.3%），风车的理论输出功率可由下式表示。

$$P = \frac{1}{2}\rho A v^3 C_p \tag{4.4}$$

在将风的运动能量通过叶片转换成旋转的机械能的过程中，由于叶片旋转时产生摩擦、振动，会导致能量损失，叶片的翼端会产生涡流损失，所以风车可获得风能的约 40% 的能量。直径 90m 左右的大型风车的发电输出功率可达 3MW，但在实际应用中，无风时输出功率为零，低于额定风速时风车不能达到额定输出功率，因此，实际效率一般低于理论效率。

一般来说，输出功率系数在 0.3~0.5 之间。图 4.4 为 $C_p = 0.45$ 时，风速与风车的输出功率之间的关系。对于不同直径的风车来说，风速不同则风车的输出功率也不同，风速大，风车的直径大，则输出功率也大。

图 4.5 为风车的输出功率系数与叶尖速比的关系。叶尖速比 λ 是指风车叶片尖部的速度与风速之比，由下式表示。

$$\lambda = \frac{\omega R}{v} = \frac{2\pi n R}{v} \tag{4.5}$$

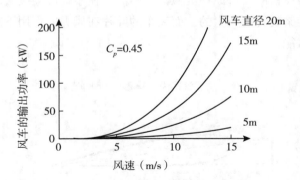

图 4.4 风速与风车的输出功率的关系

式中，ω 为风车的旋转角速度，rad/s；R 为转子半径，m；n 为风车每秒的转速，r/s。由图可知，与其他风车相比，桨叶型风车的输出功率系数和叶尖速比较大，所以桨叶型风车适用于高速旋转的场合。

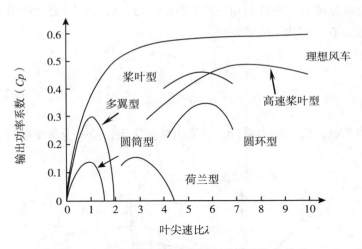

图 4.5 风车的输出功率系数与叶尖速比的关系

4.2.4 风车工作原理

为了说明风车工作原理，这里以螺旋桨飞机的飞行原理为例加以说明。风车的叶片断面与飞机的机翼断面基本相同，从图 4.6 所示的飞机的机翼断面可以看出，机翼头部的上面部分与下面部分的形状存在差异，呈弯曲流线型，机翼的中心线与风向成一定角度，称为仰角 α，当气流从机翼的前面流向后面时，机翼上侧气流的流速大于机翼下侧的流速，因此机翼下侧的压力大于机翼上侧的压力，由此产生一种上升的力，称为升力，在升力的作用下机翼上升，使飞机上升飞行。

风车工作原理与飞机的飞行原理类似，但不同点在于螺旋桨飞机的机翼所产生的升力是由发动机带动螺旋桨旋转而产生的，而风车的叶片在风力的作用下旋转产生升力，将风能转换成旋转的机械能。

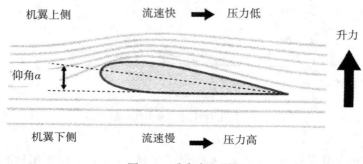

图 4.6　升力产生原理

图 4.7 为桨叶型风车叶片的受力情况，风速与叶片的旋转速度产生合成速度并作用于叶片，产生与合成速度垂直的升力和与其平行的阻力，叶片在升力的作用下旋转。

升力 L 和阻力 D 一般用下式表示。

$$L = C_\mathrm{L} \frac{\rho v^2 A}{2} \tag{4.6}$$

$$D = C_\mathrm{D} \frac{\rho v^2 A}{2} \tag{4.7}$$

式中，C_L 为升力系数；C_D 为阻力系数，其值由仰角决定，是一个重要参数。

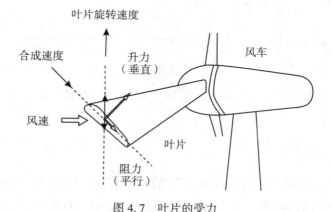

图 4.7　叶片的受力

图 4.8 为仰角 α 与升力和阻力之间的关系。由图可知升力和阻力随仰角的变化而变化，升力在仰角上升到某值时会下降，因此可利用变桨控制的方法控制叶片的仰角，对风车的输出功率进行高效控制。变桨控制系统不仅可对风车的输出功率进行控制，而且在台

风等强风出现时，可及时调整变桨角，减少风压或停机以保证风车的安全。

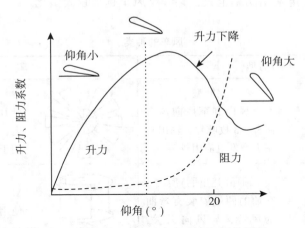

图 4.8　仰角(α)与升力和阻力之间的关系

4.3　风车的种类和特点

4.3.1　风车的种类

　　根据旋转轴与风向，可将风车分为水平轴风车和垂直轴风车，旋转轴与风向平行的风车称为水平轴风车，而旋转轴与风向垂直的风车称为垂直轴风车；若根据驱动原理来分类，则可分为升力型和阻力型(表4.1)。风车的种类较多，除了表中的风车之外，还有其他种类的风车。

　　水平轴风车的叶轮平均高度较高，有利于增加发电量，所以使用较多，是主流机型。水平轴风力发电可分为升力型和阻力型两类。升力型风车的旋转速度快，而阻力型旋转速度慢。风力发电多采用升力型水平轴风车，一般装有调向装置，能随风向改变而转动，对于小型风车一般采用尾舵，而对于大型风车则利用由风向传感元件、伺服电机等组成的传动机构。

　　水平轴风车还可分为上风向风车和下风向风车。叶轮在机身的前面迎风旋转的风车称为上风向风车，叶轮安装在机身的后面的风车则称为下风向风车。下风向风车可自动对准风向，不需要调向装置。

　　垂直轴风车的旋转轴与地面垂直，可以充分利用来自任何方向的风能，在风向改变时叶轮无需对风，可减少叶轮对风时的陀螺力，由于不需要调向装置，结构设计可简化。除此之外齿轮箱和发电机可以安装在地面上，可减轻塔杆的重量，检修维护比较方便。

　　升力型风车如飞机的机翼一样，在机翼上下流体的差压作用下，即升力的作用下旋转；而阻力型风车与船帆利用风前行的原理类似，即风力直接作用于风车，驱动风车旋转。

桨叶型风车的塔杆高度在不断增加，桨叶的直径已达到 160m 以上，由于其塔杆高、受风面积大，因此发电输出功率也大，桨叶型风车越来越大型化。

表 4.1　　　　　　　　　　　　　　　　　风车的种类

	升力型	阻力型
水平轴型	桨叶型 有上风向和下风向风车两种。3 枚叶片，输出功率大，发电应用较多	多叶片型 叶片较多，弱风时可发电，转矩大，噪音小，可用于抽水等
垂直轴型	圆环(达里厄)型 在轴的两端安装有弯曲的风叶，与风向无关，启动差	圆筒型 使用 2~3 枚半圆筒形叶片，装置结构简单
垂直轴型	直线型 使用对称翼叶片，将 3~4 枚叶片与轴平行配置，效率高，多用于发电	径流型 在上下的圆盘之间配置多枚曲面叶片，效率低，转速低，噪音小

4.3.2　风力发电的特点

风力发电的特点如下：
(1)风能是可再生的清洁能源，发电不会污染空气，对地球环境不会造成破坏；
(2)风力发电利用风能，它是一种来自太阳的能源，取之不尽，用之不竭；
(3)风力发电是一种分布式能源，可昼夜发电、实现风光互补；
(4)设备成本较低，维护方便；
(5)风能密度较低、分布不均匀、发电输出功率随季节、天气变动较大；
(6)存在噪音、电波障碍、景观等问题。

4.4　风力发电系统

4.4.1　风力发电系统的基本构成

图 4.9 所示为桨叶型风力发电系统，主要由叶片、旋转轴、传动机构、增速机构、塔杆、发电机、控制机构、系统并网保护装置、变压器等构成。可分成能量转换部分、控制部分、辅助部分以及增速机构等。

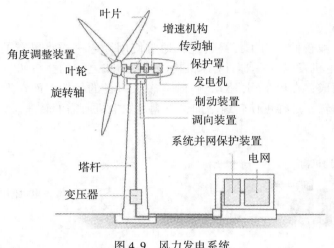

图 4.9　风力发电系统

1. 能量转换部分

能量转换部分主要有叶片、叶轮、发电机、传动装置等。叶片用来将风的能量转换成旋转的能量，以便驱动发电机发电，它可由重量轻、强度高的材料制成，长度可达 175m 以上，有 1、2、3 枚叶片以及多枚叶片的风车，3 叶片风车由于旋转较稳定，且噪音较低，实际使用较多。与 3 叶片的风车相比，2 叶片风车重量较轻，转速较高，但噪音较大，比较适合海上风力发电的场合。多叶片风车的叶片数一般为 10~20 枚，在小型风车中应用较多。

叶轮用来固定叶片，并将来自叶片的旋转力传至旋转轴；发电机用来将风车的旋转能量转换成电能；传动装置处于风车与发电机之间，用来将风车的能量传递给发电机，并兼有增速功能；增速机构用来提高低速运转风车的转速，使之与发电机的转速相匹配。

2. 控制部分

控制部分包括方向控制、仰角控制、发电机控制以及系统并网保护装置等。方向控制用来控制风车与风向一致，使风车处在高效率发电状态；仰角控制用来调整叶片的倾角，提高风车的输出功率，并在强风时调整叶片的倾角，减少风压的影响，必要时使风车停止运行，以保证风车的安全；系统并网保护装置用来完成风力发电与电网的并网、系统保护、系统监测等功能。

3. 辅助部分

辅助部分包括塔杆等。塔杆用来安装、支撑风车、发电机等设备、并获取较大的风能。

由于塔杆离地面越高，风速越大，所以随着风车的大型化，塔杆的高度也在不断增加。

4. 增速机构

风车的转速一般较低，为了提高转速，通常使用增速机构将风车的转速增至 1500r/min，然后带动发电机发电。主轴、增速机构以及发电机之间的关系如图 4.10 所示。增速机构由齿轮组合而成，在风车侧(驱动侧)装有较大直径的齿轮，而在发电机侧(从动侧)装有较小直径的齿轮，这样可使转速增加，以满足发电机所需的转速。

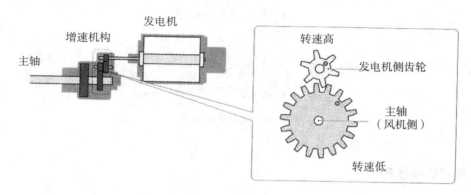

图 4.10　增速机构的构成

4.4.2　风力发电机

风力发电一般使用交流发电机。交流发电机分为异步发电机和同步发电机，与同步发电机相比，异步发电机具有结构简单、小型轻量、成本低、容易并网等特点，因此风力发电机一般采用异步发电机。异步型可分为鼠笼型异步发电机和绕线型异步发电机。

同步发电机可分为永磁同步发电机和电励磁同步发电机。永磁同步发电机由永磁体产生磁场，定子输出电能，经全功率整流逆变后输往电网；电励磁同步发电机由外接到转子上的直流电流产生磁场，定子输出的电能经全功率整流逆变后输往电网。

由于发电机采用电磁感应原理，可采用多磁极等方法使风车的转速与发电机的转速匹配，所以风车的旋转轴与发电机轴之间不需要增速机构，而是采取直接连接的方式，这种方式具有结构简单、无增速机构的机械损失、无噪音的特点，但是由于电压、频率以及相角变化的原因，所以并网时不太方便。

当风速达到 3m/s 时风力发电机开始启动运行，发电机发出的交流电可直接送往电网，也可先经整流器将交流转换成直流电，然后通过逆变器将直流电转换成交流电送往电网。在没有电网的地方，可将风力发电的电能通过蓄电池等储能设备进行储存，在无风或供电不足时为负载供电。

4.4.3　风力发电系统的控制方式

风力发电系统根据发电机的种类(同步发电机 SG，异步发电机 IG 等)、与电网的并网方式(直接 AC 方式、直流 DC 方式)以及是否有增速机构等可构成不同的系统，主要有被广泛使用的感应发电机交流 AC 方式，同步发电机直流 DC 方式，以及可变速感应发电机交流 AC 方式等。

1. 感应发电机交流 AC 方式

图 4.11 为感应发电机交流 AC 方式的风力发电系统，主要由风车、感应发电机 IG、增速机构、变压器、断路器等构成。风车采用固定翼叶片，不需进行变桨控制。发电机采用鼠笼型感应发电机，可直接与电网并网，风车跟随系统的频率，可在一定转速下运行，但发电效率低于可变速方式。

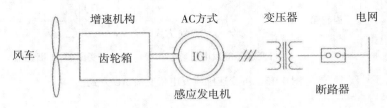

图 4.11　感应发电机交流 AC 方式

2. 同步发电机直流 DC 方式

图 4.12 为同步发电机直流 DC 方式的风力发电系统，主要由风车、同步发电机 SG、整流器、逆变器、变压器、断路器等构成。风车采用可动翼叶片，可进行变桨控制。由于采用了由整流器、逆变器构成的 DC 方式，所以省去了增速机构。发电机采用多极同步发电机，发出的电能先经整流器转换成直流电，再通过逆变器将直流电转换成交流电，然后与电网并网。这种方式由于使用了 DC 方式，可根据风速的变化对风车的叶片和发电机的转速进行控制(可变)，所以风车的转换效率较高。另外，由于 DC 方式可对送往电网的输出功率进行控制，所以输出功率变动较小，并网时对电网的影响也小。

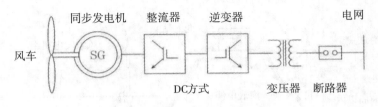

图 4.12　同步发电机直流 DC 方式

3. 可变速感应发电机交流 AC 方式

图 4.13 所示为可变速感应发电机交流 AC 方式的风力发电系统，主要由风车、增速

机构、可变速感应发电机 IG、逆变器、整流器、变压器、断路器等构成。风车采用可动翼叶片，可进行变桨控制。发电机采用绕线型可变速感应发电机，转子线圈加低频励磁电流可对转速进行控制(可变)。

这种控制方式也可根据风速的变化对风车的叶片和发电机的转速进行控制，风车的转换效率较高。整流器和逆变器用来为转子提供励磁电流，通过对转子的励磁进行控制，以便减少并网时对电网的影响。

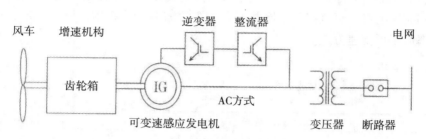

图 4.13　可变速感应发电机交流 AC 方式

4.5　海上风力发电

海上风力发电是利用海上的风能资源发电的方式。与陆上风力发电相比，由于不受陆地上存在的建筑物、山川河流等地形的影响，海上的风力较强、风能相对稳定，比较适合于风力发电。海上风力发电除了可有效利用风能资源外，还可节省大量的陆地面积，可安装大型、高速旋转的风力发电机，产生更多的电能。

4.5.1　海上风力发电系统

海上风力发电系统如图 4.14 所示，由风车固定装置、风力发电机组、海底电缆以及变电站等组成。根据水深风车的固定方式可以是海床式固定，也可以是浮体式固定，风力

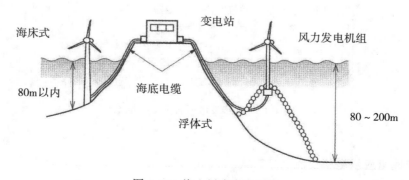

图 4.14　海上风力发电系统

发电机组所产生的电能通过海底电缆送至设置在陆地上的变电站，然后送入用户或电网。

4.5.2　海上风力发电的风车固定方式

海上风力发电的主要问题是如何在海中固定风车，在较浅的地方，如 50~80m 处可采用海床式方法将风车固定在海床上，但超过此水深时很难将其固定在海床上，为了解决此问题，可采取浮体式方法固定风车。图 4.15 为海上风力发电的风车固定方式。图 4.16 为海床式风力发电系统，图 4.17 为浮体式风力发电系统。

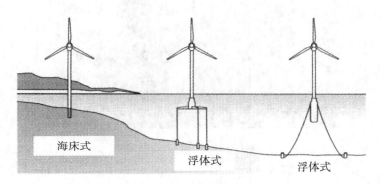

图 4.15　海上风力发电的固定方式

图 4.16　海床式风力发电系统

海上风力发电存在的问题较多，如风车如何固定、从海上风力发电机处将电能送往陆地的输电电缆铺设、渔业补偿、航路以及如何降低安装和维修成本等问题。

图 4.17 浮体式风力发电系统

4.6 风力发电的应用

风力发电主要有陆上风力发电和海上风力发电。本节介绍陆上风力发电、海上风力发电的应用情况以及风力发电的现状和展望。

图 4.18 桨叶型风力发电系统

4.6.1 陆上风力发电的应用

图 4.18 所示为陆上风力发电系统，该发电系统主要由叶片、塔杆、发电机等构成。采用桨叶式风车，风车的叶片数为 3 枚。安装在风力较强的山顶处，发出的电能直接送入电网或通过专用输电线送往负荷中心。

4.6.2 海上风力发电的应用

图 4.19 为另一种形式的浮体式风力发电系统。在三角形的连接部件的顶点与中心部件之间安装有浮体，该浮体的大部分处在海水中，各风车安装在三角形连接部件的顶点。浮体式风力发电时，由于各风车之间使用了三角形连接部件和中心部件，所以浮体的摇动较小，倾角也小，适合在风浪较大的海域发电。

图 4.19　浮体式风力发电系统

4.6.3 风力发电的现状和展望

全球利用风能资源进行发电已得到了较大的发展，截至 2017 年，全球风力发电总装机容量约 534GW，与 2016 年相比，年度风电机组新增装机容量约 47GW，增长了 10%。截至 2017 年年底，我国的风力发电总装机容量为 183.7GW，与 2016 年相比，新增装机容量约 15GW，增长了 8.9%，再一次成为年度新增容量最大的国家。我国的风力发电总装机容量约占全球的 34.4%，即占全球的 1/3 以上，是名副其实的风电大国。

2015 年 11 月，我国海上最大风力发电机在福建莆田平海湾上安装成功。该风车采用湘电 XE128-5000 机型，单机容量 5MW，转轮直径 128m，轮毂中心高度达 81m，总装机容量达 50MW。2023 年 7 月，全球首台 16MW 海上风电机组在福建海上风电场吊装成功，风机叶片长度为 123m，为我国已投运的最大海上风电机组。

风力发电是我国可再生能源发电的第二大来源，在新增装机容量方面名列全球第一，遥遥领先于其他国家，呈现稳步增长的态势。近年来，在国家政策支持和能源供应紧张的背景下，我国的风电特别是风电设备制造业也迅速崛起，已经成为全球风电最为活跃的场所。预计我国到 2020 年风力发电总装机容量将达到 200~250GW，年发电量将达到 5000 亿千瓦时。到 2030 年风力发电总装机容量将达到 500GW，年发电量达到 1 万亿千瓦时。

风电虽然在我国已经得到了长足的发展，但由于风电是清洁能源，可大大减轻我国的环保压力，另外可开发的风能资源非常丰富，可产生巨大的电能，因此未来风电发展前景广阔。

第5章 小型水力发电

人类利用水能已有 3000 余年的历史,最初只能将水能作为动力使用,大约在 130 年前人类才开始利用水能进行发电。水能是指水所具有的位能、压力等能量,水力发电是一种利用水的能量,即水流的落差(位能)、压力的能量使水轮机旋转,驱动发电机发电的发电方式。水力发电可通过构筑大坝或蓄水池等,利用水的流速和压力进行发电,也可不建大坝或蓄水池等,直接利用河流、水渠、泄洪等的水流发电。小型水力发电是指输出功率规模一般在 2.5 万千瓦以下的水力发电。

本章的内容包括小型、小小型以及微型水力发电,主要介绍水能、小型水力发电原理、种类和特点、小型水电站的构成、功能以及小型水力发电的应用等。除此之外也适当介绍一些大型水力发电的内容。

5.1 水能

地球上的水资源大约为 13.86 亿 km³,其中海水约占 96.5%,冰雪约占 1.76%,地下水约占 1.7%,湖泊约占 0.02%,大气中的雨云约占 0.001%,可见地球上的水主要是海水。

雨水、融化的雪水,是一种可再生的自然资源。大海、湖泊中的水由于太阳热的蒸发形成蒸汽,蒸汽在空中被冷却凝固成水,然后以雨或雪的形式从天而降,经河流等汇入大海,然后重复上述过程。水在太阳能的作用下,在地空之间周而复始。水力发电一般利用湖泊、大坝中储存的水和河流、水渠中流动的水。

据估算,如果将世界上可以开发利用的水力用于发电,大约可产生 16 兆千瓦时的电量,世界平均开发率约为 20%,如果开发地球上的全部水能,可以满足世界电力需要的 80% 左右。我国小型水力发电可开发量为 1.28 亿千瓦,目前全国建成农村小型水电站 4.7 万座,总装机容量超过 7500 万千瓦,相当于 3 个三峡水电站的装机容量。我国的小型水力发电开发率仅为 58.6%,低于发达国家,在西部地区的小型水力发电开发率仅为 48%,小型水电站开发和利用的潜力还很大。

5.2 小型水力发电原理

水力发电是指利用水的落差,即水的位能(压力)进行发电的方式。水轮机是一种将水流的能量转换成旋转的机械能的动力装置,是一种流体机械。水轮机的输出功率与水头

69

和流量密切相关,水头越高、流量越大,则输出功率越大。水资源开发方式有流入式、调整池蓄水池式、堤坝式、引水式和混合式等。

流入式发电是一种直接将河流的水流引入水轮机进行发电的方式。可直接利用河流,水渠,泄洪,农业、工业用水等的水流驱动水轮机运转,带动发电机发电。这种方式不需要进行大规模的土木建设,但发电输出功率易受丰水期和枯水期的水量变化的影响。

调整池用来对河流数日内的水量进行调整,蓄水池可用来蓄积融化的雪水、梅雨以及台风带来的大雨,调整池蓄水池式发电利用调整池或蓄水池的水进行发电。

堤坝式发电适用于能建大坝等的场合,它利用压力水管将大坝取水口的水引致水轮机,驱动水轮发电机组(由水轮机、发电机及附属设备构成的水力发电设备)发电。这种发电方式由于大坝可蓄积大量的水,受河流的水量、季节的影响不大,大型水力发电站一般采用这种发电方式。

引水式发电一般在河流的上游筑起小堤坝,将水经过水路引至可形成一定落差的地方,然后通过压力水管将水引至水轮发电机组发电的方式。

混合式发电综合了堤坝式和引水式发电两者的优点,即利用压力隧道将大坝蓄积的水远距离输送到落差较大的下游,然后利用压力水管将水送往水轮发电机组发电。

5.2.1 小型水力发电原理

图 5.1 为引水式小型水电站。主要由取水堰、水槽、压力水管、水电站、排水、输电线等组成。小型水力发电的设备主要有取水设备、压力水管、水轮机、发电机、排水设备等。水槽主要用来防止因水轮机的负荷变动引起的水锤作用对引水设备的影响、调节水量以及除去土砂等。

引水式小型水力发电原理是:首先将河流的水取出,经水槽、水路引入取水设备,然

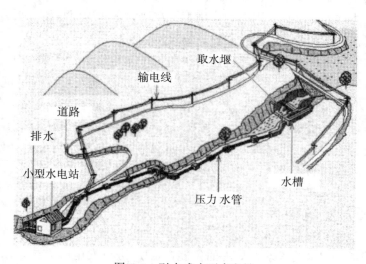

图 5.1 引水式小型水电站

后将所取的水经压力水管送入水轮机，最后水轮机将水流的能量转换成旋转的能量，带动发电机发电。

图5.2为蓄水池式小水力发电站。主要由上、下蓄水池、调压塔、压力水管、排水管、取水口、排水口、水轮机、发电机以及输电线路等组成。蓄水池式小型水力发电原理是：将上游蓄水池的水经水路、压力水管引至水轮机的进口处并形成一定的落差（水头），水轮机利用此水头做功，将水的位能转变为旋转的机械能，然后通过发电机发电，将旋转的机械能转变为电能，然后通过输电设备将电能送往电网。

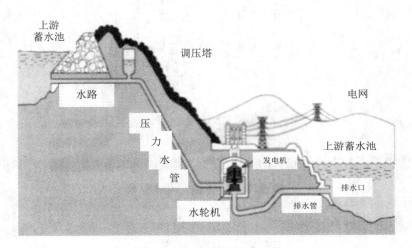

图5.2 蓄水池式小型水电站

5.2.2 水轮发电机组的输出功率

水轮发电机组由水轮机、发电机以及附属设备等组成，水轮机的输出功率与水头、流量以及效率有关，而水轮发电机组的输出功率与水轮机的输出功率和发电机的效率有关。

1. 水头

水轮机的输出功率与水头、流量以及效率等有关。水头指单位重量的液体所具有的能量，包括位置水头、压强水头、流速水头以及损失水头等，单位为米（m）。流量是指单位时间内流入水轮机的水的体积，其单位为立方米每秒（m³/s）。

水头有毛水头（总水头）和净水头（有效水头）之分，毛水头指水电站上游引水进口断面的水位与下游尾水出口断面水位之间的水位差；净水头指从毛水头中扣除引水系统各项损失水头后的水头。

图5.3为堤坝式反击式水轮机的水头之间的关系。设毛水头为H_t（m），水流从取水口经水路至压力水管的摩擦引起的损失水头为h_1（m），尾水管出口的速度损失水头为$v_2^2/(2g)$（m），水路的损失水头为h_2（m），则净水头可用（5.1）式表示：

$$H = H_t - \left(h_1 + \frac{v_2^2}{2g} + h_2 \right) \tag{5.1}$$

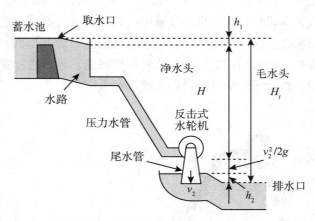

图 5.3　堤坝式反击式水轮机的水头

图 5.4 为堤坝式冲击式水轮机的水头之间的关系，净水头可用 (5.2) 式表示。

$$H = H_t - (h_1 + h_2) \tag{5.2}$$

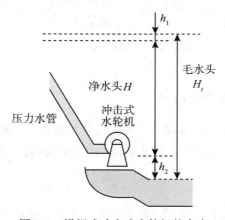

图 5.4　堤坝式冲击式水轮机的水头

　　图 5.5 为引水式水轮机的水头间的关系。由于这种发电方式没有大坝或蓄水池，直接利用农业或工业用水的排水，利用水头和运动能量驱动水轮发电机组发电。

　　设上游的水的流速为 v_1，下游的水的流速为 v_2，基准面与上游水面的高差为 z_1，则水轮机前的水头 h_{t1} 为

$$H_{t1} = z_1 + \frac{v_1^2}{2g} \tag{5.3}$$

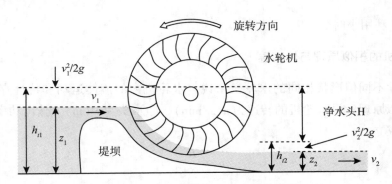

图 5.5 引水式水轮机的水头间的关系

同样，水轮机后的水头 h_{t2} 为

$$H_{t2} = z_2 + \frac{v_2^2}{2g} \tag{5.4}$$

则净水头为

$$H = h_{t1} + h_{t2} \tag{5.5}$$

2. 水轮机的输出功率

水轮机的理论最大输出功率 N_{th} 可用(5.6)式表示：

$$N_{th} = \rho g Q H \tag{5.6}$$

式中，N_{th} 为水轮机的理论最大输出功率；ρ 为水的密度，kg/m^3；Q 为流入水轮机的流量，m^3/s；g 为重力加速度，m/s^2；H 为净水头，m。

考虑流体摩擦损失、旋转轴承的机械损失等，设水轮机的总效率为 η，则水轮机的实际输出功率 $N(W)$ 为：

$$N = \eta \rho g Q H \tag{5.7}$$

总效率 η 为流体等摩擦损失引起的水力效率 η_h、漏水等引起的体积效率 η_v 以及轴承等的摩擦损失引起的机械效率 η_m 的乘积，可由(5.8)式表示。

$$\eta = \eta_h \eta_v \eta_m \tag{5.8}$$

3. 水轮发电机组的输出功率

在水轮发电机组中，发电机将水轮机的机械能转换成电能，因此存在损失，发电机的效率 η_g 一般为 88% ~ 95%，则水轮发电机组的输出功率 $N_g(W)$ 为

$$N_g = \eta \eta_g N_{th} = \eta \eta_g \rho g Q H \tag{5.9}$$

对于小型水电站来说，输出功率可用近似式(5.10)进行计算。

$$N_g = (6.0 \sim 8.0) Q H \tag{5.10}$$

式中，6.0~8.0 为水轮发电机组的效率。年发电量可用式(5.11)进行计算。

$$E = N_g T \tag{5.11}$$

式中，T 为年利用小时数，h。

4. 水轮机的相似原理与比转速

对于尺寸不同但形状相同的水轮机来说，水轮机内的流体运动和特性存在相似的关系，称为相似原理。设水轮机的转速为 $n(\text{r/min})$，净水头为 $H(\text{m})$，输出功率为 $N(\text{kW})$，以下的关系成立。

$$n \propto \frac{H^{5/4}}{N^{1/2}} \tag{5.12}$$

比转速的定义是水头 H 为 1m，输出功率 N 为 1kW 时的转速，比转速的单位为（m-kW），用式（5.13）表示。

$$n_s = \frac{N^{1/2}}{H^{5/4}} \tag{5.13}$$

图 5.6 为水轮机的最大效率 $\eta_{h,\max}$ 与比转速的关系。由图可知，尽管冲击式、混流式以及轴流式水轮机的比转速相差较大，但三种水轮机的最大效率均在 90% 以上。利用比转速可根据条件选择水轮机的种类。

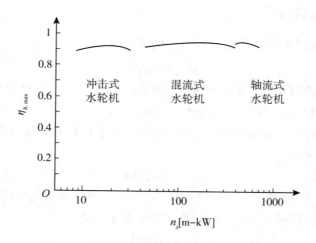

图 5.6　水轮机的最大效率与比转速的关系

5.3　小型水力发电的种类和特点

5.3.1　小型水力发电的种类

小型水力发电有多种分类方式，可根据水力资源的开发形式分类，也可根据水的利用形式分类，还可根据水力发电的输出功率大小进行分类。

根据水力资源的开发形式分类，可分为堤坝式、引水式和混合式等，因此一般将水电站分为堤坝式水电站、引水式水电站和混合式水电站三种基本类型。我国的小型水电站多半为引水式，即利用水路将水引入水轮机进行发电，而堤坝式和混合式水电站的应用较少。

根据水的利用形式分类，可分为蓄水池式、调整池式以及流入式等。由于水量随季节等变化，在用电量较少的春季、秋季可利用蓄水池将水储存起来，以便夏季、冬季用电量较多时使用。另外，由于每天不同时间的用电量不同，夜间等用电量较少时少发电，而在用电量较大的昼间利用调整池的水多发电，以满足用电需要。流入式则不必建造蓄水池，而是使水直接流入水轮发电机组进行发电。

另外，根据水头的大小，一般将水头在70m以上的电站称为高水头电站、15~70m的称为中水头电站，而低于15m的称为低水头电站。也可根据水力发电输出功率的大小对水力发电进行分类，一般可分为大型水力发电（10万千瓦以上）、中型水力发电（2.5万~10万千瓦）、小型水力发电（500~2.5万千瓦）、小小型水力发电（101~500千瓦）以及微型水力发电（100千瓦以下）。一般来说，将输出功率规模在2.5万千瓦以下的水力发电称为小型水力发电。表5.1为水力发电的分类。

表5.1　　　　　　　　　　　　　　水力发电的分类

大型水力发电	10万 kW 以上
中型水力发电	2.5万~10万 kW
小型水力发电	500~2.5万 kW
小小型水力发电	101~500kW
微型水力发电	100kW 以下

5.3.2 小型水力发电的特点

小型水力发电的特点如下（见表5.2）：

（1）一般不需建设大坝和蓄水池，可节省大量的成本；

（2）可利用河流、水渠、泄洪等水流进行发电，有效利用水能；

（3）发电功率变动较小，并网运行时对电力系统的影响较小；

（4）设备利用率较高，可达60%，是光伏发电的5倍，风力发电的3倍；

（5）发电利用水能，不需其他燃料；

（6）发电无二氧化碳等有害物排放，是一种清洁的可再生能源；

（7）与太阳能光伏发电相比成本低、输出功率稳定，可用于水光互补系统。

表5.2　　　　　　　　　　　　　　小型水力发电的特点

优　　　点	缺　　点
一般不需筑坝等，建设成本低	输出功率较小

续表

优　　点	缺点
有效利用河流、水渠等的水能	水路有树叶等垃圾
年水量变化不大，输出功率变动较小，上网稳定	需要日常检查、维护
发电不需要燃料费	有各种法律限制
设备利用率较高，可达 50%～90%	
无有害物排放，是一种清洁能源	

5.4　小型水电站的构成

图 5.7 为小型水电站，它主要由取水、水路(如引水管道)、排水、水轮发电机组(水轮机和发电机)、电站建筑物等构成。具体地说，小型水电站主要由土木设备、发电设备、送配电设备以及建筑设备等构成。土木设备包括取水、水路、排水等设备。发电设备主要由水轮机、发电机、调速器、变压器以及配电盘等辅助设备组成。送配电设备主要包括输电线、开关等。建筑设备是指安放发电设备的厂房等建筑物。

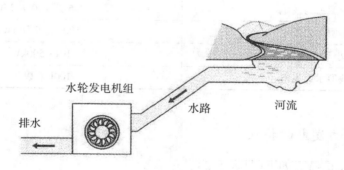

图 5.7　小型水电站

5.4.1　土木设备

土木设备包括取水、水路、排水等设备。图 5.8 所示为堤坝式水电站。图 5.9 所示为引水式水电站。水槽用来沉淀水中的沙石、收集垃圾、使水流稳定以及调整发电用水量。调压井用来调整因水轮发电机组紧急停机所引起的水压上升，以保证压力水管、水轮机等的安全。图 5.10 为混合式水电站。小型水力发电一般不建堤坝，大多采用引水式发电方式。

5.4.2　发电设备

图 5.11 为小型水电站的发电设备，发电设备主要由水轮机、发电机、配电盘、变压

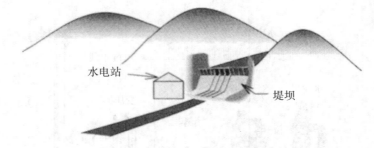

图 5.8　堤坝式水电站

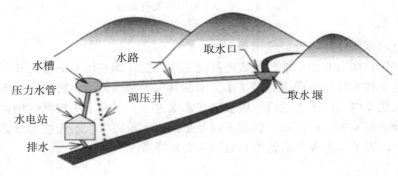

图 5.9　引水式水电站

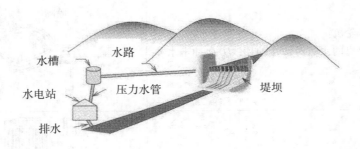

图 5.10　混合式水电站

器以及辅助设备等组成。水轮机将水的能量转换成旋转的机械能，发电机将机械能转换成电能，然后将电能通过变压器升压输送至配电线。

1. 水轮机

如果根据水轮机利用水的方式来分类，水轮机可分为冲击式水轮机、反击式水轮机等。冲击式水轮机利用水的落差(将压力水头转换为速度水头)，即位能进行发电；反击式水轮机则利用水的压力(位能和动能)所产生的能量进行发电。

冲击式水轮机通过喷嘴将水的位能转换成速度能，将高速水流喷出形成射流，水斗获得冲击力而使水轮机转轮旋转，带动发电机发电。冲击式水轮机用在水头较高的场合，一般可分为切击式水轮机、斜击式水轮机和双击式水轮机等种类。这种水轮机可调整射向水

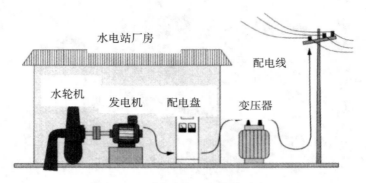

图 5.11　小型水电站的发电设备

斗的流量，可根据需要调整发电输出功率。

　　反击式水轮机则将水的位能转换成速度能和压力能，即利用水的速度和压力所产生的能量进行发电。在水轮机的周围充满了水，水从其周围轴向流出，转轮在水压的作用下旋转，带动发电机发电。由于水轮机一般安装在水面之下，可在水头较低的场合使用。反击式水轮机可分为混流式、轴流式、斜流式以及贯流式水轮机等。水轮机的分类和工作原理如表 5.3 所示。表 5.4 为各种水轮机的适用水头和特点。

表 5.3　　　　　　　　　　　　　　　　水轮机的分类和工作原理

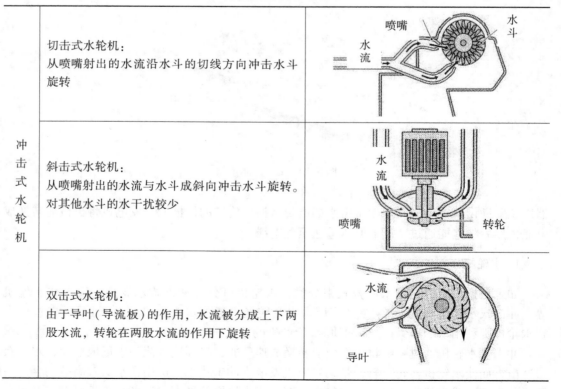

冲击式水轮机	切击式水轮机： 从喷嘴射出的水流沿水斗的切线方向冲击水斗旋转	
	斜击式水轮机： 从喷嘴射出的水流与水斗成斜向冲击水斗旋转。对其他水斗的水干扰较少	
	双击式水轮机： 由于导叶(导流板)的作用，水流被分成上下两股水流，转轮在两股水流的作用下旋转	

续表

| 反击式水轮机 | 混流式(又称法兰西式)水轮机:
水流经叶片周围轴向流出,在水压的作用下旋转 | 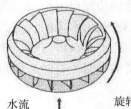 |
| | 轴流式水轮机:
转轮在与轴同向的水压的作用下旋转 | 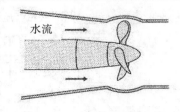 |

表 5.4 　　　　　　　　　　　　各种水轮机的适用水头和特点

类型	水轮机类型		适用水头(m)	特点
冲击式	切击式		300~1700	用于负荷变化大而水头变化不大的电站
	斜击式		50~400	效率较低,适用于中小型电站
	双击式		10~150	效率低,仅用于小型电站
反击式	混流式		30~800	结构紧凑、运行稳定、范围广、效率高
	轴流式	转桨式	3~80	用于中低水头,大流量电站
		定桨式		用于功率及水头变化不大的电站
	斜流式	转桨式	40~200	用于水头变化大的电站,但工艺较复杂,技术要求高
		定桨式		
	贯流式	转桨式	2~25	用于低水头电站和潮汐电站
		定桨式		

　　小型水轮发电机组的发电输出功率一般可用近似式 $N_g = (6.0 \sim 8.0)QH$ 表示。由式可知,其输出功率与流量 Q 和水头 H 有关,因此必须根据不同的流量和水头选择不同的水轮机,若流量大、水头小时应选择轴流式水轮机;而流量小、水头大时应选择冲击式水轮机,如水斗式水轮机;而介于两者之间时则选择混流式水轮机。一般来说,小流量时应选择贯流式水轮机。下面介绍小水力发电常用的几种水轮机,小水力发电常用的水轮机转轮与图中所示的大型水轮机转轮的形状类似。

　　(1)轴流式水轮机

　　轴流式水轮机可分为横轴式和立轴式、转桨式和定桨式等种类。图 5.12 为横轴转桨轴流式水轮机的构成。它由转轮、导叶、尾水管、增速齿轮、发电机、导叶伺服马达以及转轮伺服马达等构成。导叶伺服马达用来调整导叶方向使水流与轴平行，而转轮伺服马达用来调整叶片的角度以提高水轮机的效率。

这种水轮机利用水流的压力和速度做功，一般用于水头较低的场合，适用水头为3~80m的水电站，水流在进口处经导叶进行调整使其与轴大致平行，然后流入转轮。桨叶可固定，也可转动以便调节叶片的角度与水流一致，提高发电效率，增加发电输出功率。

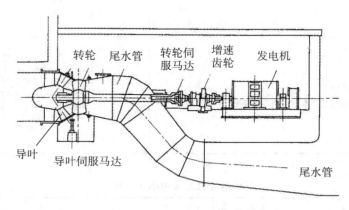

图 5.12 轴流式水轮机(横轴式)

图 5.13 为立轴轴流式水轮机，这种水轮机一般安装有蜗壳，在导叶和蜗壳的作用下水流沿轴向流出，驱动转轮旋转，带动发电机发电。转轮的叶片可固定，也可转动，前者称为定桨式水轮机，后者称为转桨式水轮机，由于转桨式水轮机的叶片可根据输出功率变化进行自动调整，所以转换效率较高。

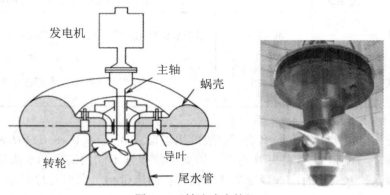

图 5.13 轴流式水轮机

（2）冲击式水轮机

冲击式水轮机有切击式、斜击式以及双击式等种类。图 5.14 所示为冲击式水轮机，它由喷嘴、水斗等构成。喷嘴用来将水流高速喷出，水斗在高速水流的冲击作用下将水的动能转换成旋转能，使转轮旋转并驱动发电机发电。发电所需流量可通过喷针进行调整。

这种水轮机适用于流量小、水头高、且负荷变化大而水头变化不大的电站，水头范围在 300~1700m，也可用于水头较低的微型水力发电，图 5.15 所示为水斗式冲击水轮机。

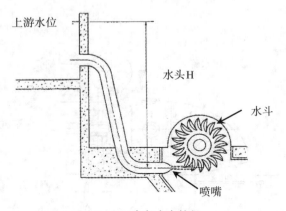

图 5.14　冲击式水轮机

从喷嘴射出的水流的速度 v 一般可用下式表示。

$$v = Cv\sqrt{2gH} \tag{5.14}$$

式中，v 为水流的速度；Cv 为速度系数，一般为 0.98~0.99；H 为水头，m。一般来说，一个水斗单位时间所做的功可用下式表示。

$$P = Fu \tag{5.15}$$

式中，F 为从喷嘴射出的水流所产生的力；u 为圆周速度，m/s。可见，水斗单位时间所做的功与喷射水流所产生的力以及转轮的圆周速度成正比。

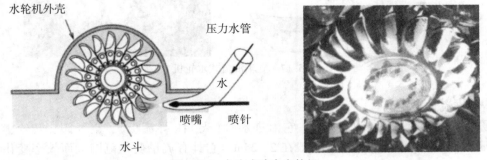

图 5.15　水斗式冲击水轮机

（3）混流式水轮机

横轴混流式水轮机如图 5.16 所示，它由转轮、导叶、蜗壳、尾水管等构成。它利用水流的水压和速度做功，适用水头在 30~800m，其特点是结构紧凑、运行稳定、使用范围广、效率高。水流在蜗壳的作用下逐渐加速，将水的压力水头转换成速度水头，水流沿四周进入转轮。由于尾水管的断面逐渐变大，可降低从水轮机流出的水流速度，从而使水轮机能有效地利用水的速度能量，提高水轮机的效率。图 5.17 立轴混流式水轮机。

　　混流式水轮机利用较多，约占 70%，由于效率较高，一般在大型水力发电中使用。由于这种水轮机经过改良，流量减少时效率不会大幅度降低，所以在小型、微型水力发电中也被广泛使用。

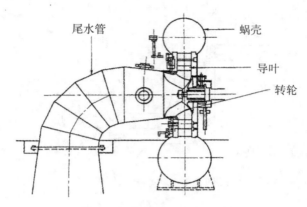

图 5.16　横轴混流式水轮机

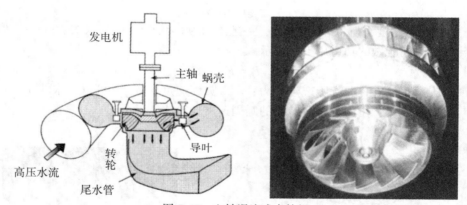

图 5.17　立轴混流式水轮机

　　(4)贯流式水轮机

　　贯流式水轮机如图 5.18 所示，它由进水管、导叶(导流板)、空气阀、转轮、尾水管、轴承、操作杆等组成。水头一般在 2~25m，它具有流量变化范围大而效率变化不大的特点，适用于流量变化范围较大的电站使用。

　　在利用河流的水进行发电时，对水头低的水路来说，一般随季节变化流量变化较大，所以希望流量的大幅变动不至于对效率影响过大，而贯流式水轮机则可满足上述要求。

　　图 5.19 为贯流式水轮机的内部结构。进水管中的水流在导叶的作用下被分成上下两路，被加速后流入转轮，水流使叶片产生圆周方向的力，然后一部分水流流出，而另一部分水流进入转轮的内部，再次使叶片做功后流出，所以称这种水轮机为贯流式水轮机。

　　由于贯流式水轮机的导叶可转动，因此可根据流量的大小调整进入叶片的流速，使流

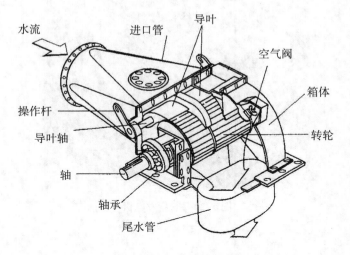

图 5.18　贯流式水轮机

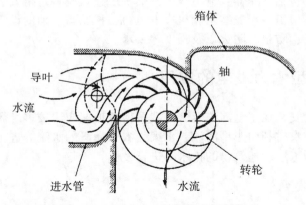

图 5.19　贯流式水轮机的内部结构

速保持在较大的状态。贯流式水轮机结构简单、部件较少,制造成本较低,适用于微型水力发电。

2. 发电机

发电机是一种将机械能转换成电能的装置,它可分为直流发电机、交流发电机。交流发电机又可分为同步发电机和异步发电机(感应发电机)。同步发电机又可分为永磁式发电机等种类。

同步发电机可并网运行,也可独立运行,发电规模不受限制,运行稳定,可提高电力系统的稳定性和供电质量。而异步发电机结构简单、坚固耐用、保养维护方便、价格便宜。小水力发电主要使用同步发电机、异步发电机发电,最近,由于半导体技术和控制技术的发展,也可使用直流、永磁式发电机发电。图 5.20 为同步发电机的外形。

图 5.20　同步发电机

5.4.3　送配电设备和建筑设备

送配电设备主要包括变压器、输电线、开关等。建筑设备是指安装发电设备的厂房等建筑物。在水电站厂房里一般安装水轮机、发电机、控制盘、辅助设备等，建筑物需要满足防雨、防震、隔音、防湿、防火以及强度等要求。

5.5　小型、微型水力发电的应用

小水力发电一般安装在小型河流上，在我国南方地区应用较多。微型水力发电可在农村和城市使用，如在农村利用小型河流、水渠、农田灌溉的水流等进行发电，在城市利用自来水的水流、大型工厂、建筑物的排水等进行发电。

5.5.1　微型水力发电

图 5.21 为利用自来水，工厂、大楼排水的微型水轮发电机组。对于家庭中安装的利用自来水发电的微型水轮发电机组来说，虽然发电输出功率不大，但可供 LED 灯使用，

图 5.21　利用自来水、工厂、大楼排水的微型水力发电

用于夜间照明。利用工厂、大楼的排水驱动微型水轮发电机组发电，既充分利用工厂、大楼排水的能量，也可为工厂、大楼提供照明等用电，可谓一举两得。

5.5.2 轴流式水力发电

图 5.22 为轴流式水轮发电机组，该机组安装在供水管道上，利用供水管道的水流发电。发电设备容量为 60kW，水头为 25m，流量为 0.33m³/s，使用异步发电机，年发电量约 40 万 kWh。

图 5.22　轴流式水力发电

5.5.3 混流式水力发电

图 5.23 为装有混流式水轮发电机组、引水全长约 16km 的引水式水电站，图 5.23(a)为水轮发电机组，图 5.23(b)为水电站厂房。发电容量为 320kW，水头为 85m，流量为 0.5m³/s，使用异步发电机发电。

（a）　　　　　　　　　　　　　　　　（b）

图 5.23　混流式水力发电

5.5.4　利用农用水发电

图 5.24 为利用农用灌溉水发电的小型水力发电。水轮机在水流的作用下旋转,通过皮带带动安装在水轮机上面发电机发电,然后通过配电设备将电能输送至用户使用。这种发电方式的水头较低,主要利用水流的流速进行发电。

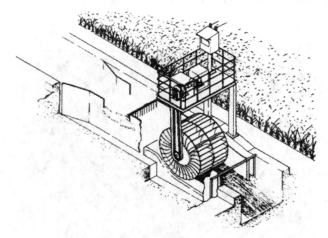

图 5.24　利用农用灌溉水的小型水力发电

5.5.5　利用泄洪水的小型水力发电

图 5.25 为利用泄洪水的小型水力发电。水轮发电机组安装在泄洪道上,当坝内的水位升高,超过一定的水位时则需要泄洪,水轮发电机组则利用泄洪的水流进行发电,以充分利用这部分水能。

图 5.25　利用泄洪水的小型水电站

5.5.6　利用河流水的小型水力发电

图 5.26 为利用河流水的小型水力发电，主要由水轮机、发电机、浮体、进口和出口导水渠等构成。如图所示，浮体使水轮机保持在一定的水深位置，导水渠使流入、流出水轮机的水流阻力最小，以提高水轮发电机组的发电效率和输出功率。

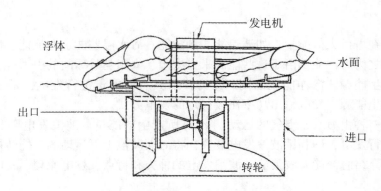

图 5.26　利用河流水的小型水力发电站

我国的水力发电量居世界第一位，其次是加拿大、巴西、美国以及俄罗斯等，我国有丰富的水力资源，可开发量达 3.78 亿千瓦，其中小水电开发量为 0.75 亿千瓦。因此，小水力发电的开发有着巨大的潜力。

第6章　海洋波浪发电

海洋中存在着巨大的能量，如波浪能、潮汐能、海水温差能、海流能、潮流能、海水盐差能等，称之为海洋能。由于这些能源来自太阳、太阳与月球间的引力等，所以海洋能也是一种可再生能源。海洋能发电则利用海洋所具有的能量进行发电，是一种清洁无污染、利用可再生能源、发电输出功率比较稳定的发电方式。

波浪能是一种由海水、空气的运动(振动)所产生的能量。波浪发电则利用波的上下运动的能量进行发电，即利用波浪发电装置，将海面波浪上下运动的动能转换成电能。

本章主要介绍海洋能、波浪能、波浪发电的种类和特点、发电原理、发电系统以及应用等。

6.1　海洋能

6.1.1　海洋能种类及利用方式

表 6.1 为海洋能种类及利用方式。如前所述，海洋能包括波浪能、潮汐能、海水温差能、海流能、潮流能、海水盐差能等。

表 6.1　海洋能种类及利用方式

海洋能	海洋能发电利用方式
波浪能	利用海水、空气的运动(振动)所产生的能量
潮汐能	利用海水涨潮、落潮过程中所产生的水位差(位能)
海水温差能	利用表层海水与深层海水之间的温差
海流能	利用海水水平方向的流动所产生的能量
潮流能	利用海水涨潮、落潮时海水周期变化流动所产生的能量
海水盐差能	利用河口附近的淡水与海水的盐分浓度差

6.1.2　海洋能

海洋面积约占地表面积的 70%，海洋吸收太阳的能量所获得的能量称之为海洋能，海洋能通过海水吸收、储存和释放，呈现出各种运动形式，其蕴藏的能量极其巨大。海洋能理论上可再生的总量为 766 亿千瓦。海洋年发电的潜在量：波浪发电量为 $8 \sim 80 \times 10^{12}$

kWh/年，潮汐发电量约为 $10×10^{12}$ kWh/年，海洋温差发电约为 $0.3×10^{12}$ kWh/年。海洋能蕴藏丰富、分布广、清洁无污染，但由于存在能量密度低、地域性强等问题，开发应用受到一定的局限性，所以目前海洋能主要被用于发电。

6.1.3 海洋能发电的特点

(1)能量密度低；

(2)可再生性：海洋能来源于太阳辐射能，这种能源会再生，且取之不尽，用之不竭；

(3)有较稳定与不稳定能源之分：如温差能、盐差能和海流能为较稳定的能源，而潮汐能、潮流能以及波浪能为不稳定能源；

(4)是一种清洁能源：发电对环境污染影响很小。

人类有效利用海洋的能量进行发电，对于满足能源需求非常重要。目前利用海洋能发电还存在成本高、技术难等问题。现在利用海洋能进行发电的方式多种多样，主要的发电方式有海洋波浪发电、海洋潮汐发电以及海洋温差发电等。

6.2 波浪能

海洋上的波(海洋波)主要由海面上的刮风所产生，刮风使海面产生变形(风波)，由此产生波的运动，波的能量通过行波进行传播。海洋波由位能和动能组成，利用电能转换装置将波浪的能量(称为波浪能)转换成电能称为波浪发电。由于风由太阳能产生，波浪能由风产生，所以波浪能由太阳能间接产生，也属于可再生能源。

波浪能是蕴藏在海面波浪中的动能和位能，是一种海水上下运动的能量。如图 6.1 所示为波的形状，图中 h 为波的振幅(m)，H 为波高(波峰与波谷之间的垂直距离)($2h$，m)，λ 为波长(m)，T 为波的周期(s)。

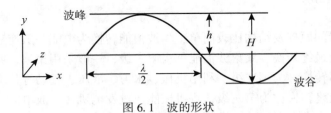

图 6.1　波的形状

假定图 6.2 所示的波沿 x 轴的正方向前行，波沿 z 轴方向的单位长的波浪能可用下式表示。

$$P = \frac{\rho g^2 H^2 T}{32\pi} \tag{6.1}$$

式中，ρ 为海水的密度，1030kg/m³；g 为重力加速度，m/s²。由式可见，波浪能与波高的平方、波的周期成正比，波浪越高，周期越长，则波浪能越大。波浪能主要用于发电，据推算波浪能约为 30 亿千瓦，可利用的波浪能为 10 亿千瓦左右，所以波浪发电具有非常好的应用前景。

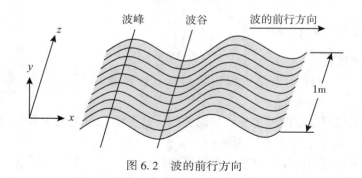

图 6.2　波的前行方向

6.3　波浪发电的种类和特点

波浪发电利用海水的动能和位能，波浪发电方式有多种方式，如点头鸭式、波面筏式、波力发电船式、环礁式、整流器式、海蚌式、软袋式、振荡水柱式、多共振荡水柱式、波流式、摆式、结合防波堤的振荡水柱式、收缩水道式等。目前发电主要利用两种方式，一种是利用波的上下运动进行发电，称之为振动水柱式波浪发电。另一种是利用波引起的物体的运动进行发电，称之为可动物体式波浪发电。除此之外，还有越浪式波浪发电、收缩水道式波浪发电以及受压面式波浪发电等。

波浪发电利用海水、空气的运动(振动)所产生的能量发电，波浪发电的特点与海洋能的特点基本相同，可参考海洋能发电的特点。

6.4　波浪发电原理

波浪发电装置的原理及结构比较简单，将波浪能转换为电能一般有三级，即聚集波浪能、中间转换以及最终转换。聚集波浪能称为第一级，一般采用聚波、共振的方法聚集分散的波浪能。中间转换称为第二级，利用机械、水力、液压、气动等传动方式，将波浪能转换为机械能。最终转换称为第三级，将机械能通过发电机转换成电能。

如上所述，波浪发电利用波浪转换、发电装置，将海面波浪的上下运动的能量转换成电能。目前一般采用将波力转换为压缩空气来驱动空气透平发电机发电的方式。波浪发电有多种方式，这里主要介绍振动水柱式波浪发电、可动物体式波浪发电、越浪式波浪发电、收缩水道式波浪发电以及受压面式波浪发电等。

6.4.1　振动水柱式波浪发电

振动水柱式波浪发电可分为有阀式和无阀式两种，有阀式用空气阀(或水阀)对空气流(或水流)进行调整，使透平运转，无阀式则使用将往复运动的水流转换成同一方向的特殊透平，将波浪能转换成机械能，然后驱动发电机发电。

图6.3为有阀式振动水柱式波浪发电的原理。在波浪发电装置的下部设置有开口的容器，浮在海洋里的波浪发电装置在波浪上下运动的作用下，容器内的水面也上下振动，当水面下降(波谷)时，空气通过容器两侧的吸气阀吸入，由于此时送气管关闭，所以安装在上部的空气轮机不工作。另一方面，水面上升(波峰)时，吸气阀处于关闭状态，容器内的空气被压缩，然后通过送气管送往空气轮机，驱动发电机发电。

波的上下运动使空气室内的空气处在压缩和减压两种状态，致使空气向上(正向)、向下(反向)运动，安装在送气管上部的空气轮机定向旋转，驱动发电机发电。

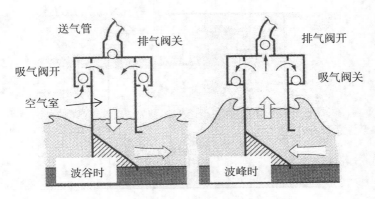

图6.3　振动水柱式波浪发电的原理

图6.4为另一种形式的有阀式、振动水柱漂浮式波浪发电系统，该系统漂浮在海面上，由发电机、空气轮机、空气室、阀等构成。当波上升时，A空气室(A室)、B室内的空气被压缩，A阀关，B阀开，A室的空气经喷口驱动空气轮机旋转，然后从B阀排除。当波下降时，A室和B室内的空气被减压，A阀开，B阀关，空气从A阀进入A室，经

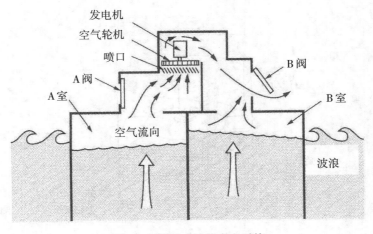

图6.4　漂浮式波浪发电系统

喷口驱动空气轮机旋转，然后经 B 室从 B 阀排除。由此可见，波浪发电系统经两空气室的相互作用，驱动空气轮机连续运转，带动发电机发电。

　　图6.5 为无阀式固定式波浪发电系统。该系统由发电机、空气轮机、空气室、喷口等构成，空气室等装置被固定在防波堤等处。当波下降时，空气室内的空气被减压，空气从喷口进入空气室内，驱动空气轮机旋转，带动发电机发电，而当波上升时空气被压缩，空气从空气室经喷口排除，驱动空气轮机旋转，并带动发电机发电。

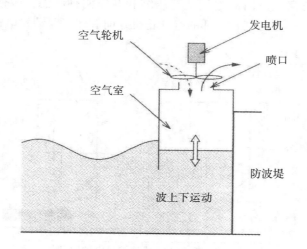

图 6.5　固定式波浪发电系统

　　图6.6 为无阀式振动水柱式波浪发电的原理。波浪的上下运动使空气压缩、减压，产生往复流动，透平在空气往复流动的作用下同向旋转，驱动发电机发电。由于这种透平的叶片为上下对称形状，所以在上下往复流动的空气的作用下，所产生的旋转力驱使涡轮逆时针方向旋转。

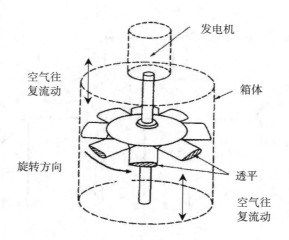

图 6.6　无阀式振动水柱式波浪发电原理

图 6.7 为无阀式振动水柱式波浪发电系统，该系统利用上述的无阀式振动水柱式波浪发电的原理发电。海水上升时空气被压缩，海水下降时空气被减压，在往复空气的作用下涡轮同向旋转，带动发电机发电。

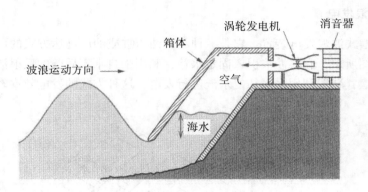

图 6.7 无阀式振动水柱式波浪发电系统

6.4.2 可动物体式波浪发电

可动物体式波浪发电利用可动物体将波浪能转换成机械运动，然后驱动发电机发电。可动物体式波浪发电有滑轮式、摆式以及鸭式等种类。

1. 滑轮式波浪发电

图 6.8 为可动物体式波浪发电的原理。如图所示利用绳索将浮体与平衡球连接起来，然后将绳索卷在滑轮上，当浮体随着波浪上下运动时，滑轮做正、反向旋转运动。当使用

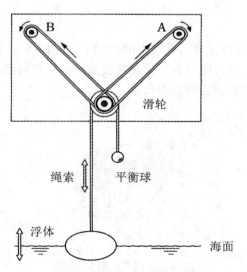

图 6.8 可动物体式波浪发电的原理

一对同向离合器时，波浪上升时，滑轮顺时针方向旋转；即 A 所示的方向旋转，波浪下降时，滑轮逆时针方向旋转，即 B 所示的方向旋转。利用齿轮将 A、B 的反向旋转转换为同向的旋转运动，驱动发电机发电。

2. 摆式波浪发电

图 6.9 为摆式波浪发电装置，它是一种利用油压缸或油压马达方式的可动物体式波浪发电装置。如图所示，它将波浪引入固定水箱，利用来自水箱后壁的反射波将不稳定波转换成稳定波。摆式装置利用水平往复水流进行发电，这种方式的发电效率较高。

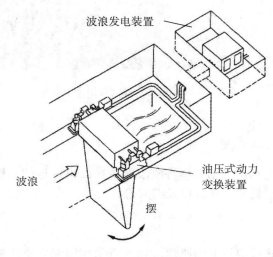

图 6.9 摆式波浪发电装置

3. 鸭式波浪发电

图 6.10 为鸭式波浪发电原理，在波浪的作用下，浮体 A 部分做摇摆运动，带动 B 部分做圆周运动，驱动发电机发电。为了提高转换效率，一般将面向波浪的曲面做成指数函数的形状，而将下侧的曲面做成圆弧形状。

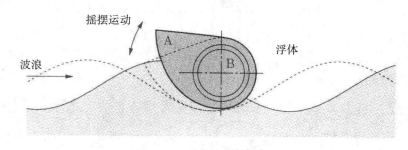

图 6.10 鸭式波浪发电原理

6.4.3 越浪式波浪发电

图 6.11 所示为越浪式波浪发电原理。波浪上升越过防波堤进入高位蓄水池(或水库)形成水位差(水头),发电站内的水轮机利用此水头工作,将波浪能转换成机械能并驱动发电机发电。

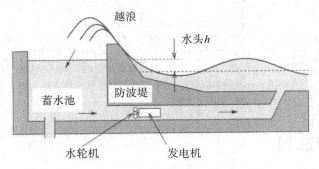

图 6.11 越浪式波浪发电原理

6.4.4 收缩水道式波浪发电

图 6.12 所示为收缩水道式波浪发电,其原理是将滚滚而来的波浪通过收缩水道进行聚集,水流向右进入高位蓄水池,当波浪退去时,从高位蓄水池流出的水流使水轮机运转,驱动发电机发电。

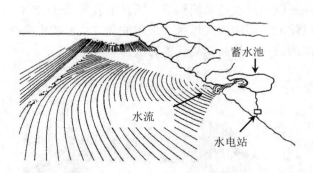

图 6.12 收缩水道式波浪发电

6.4.5 受压面式波浪发电

图 6.13 为受压面式波浪发电装置,它由受压板、阀、水轮机以及发电机等组成。受压板将波浪能直接转换成压力和水流的能量,水轮机利用其能量驱动发电机发电。这种发电装置能比较容易地进行能量转换,由于发电装置安装在海底,不受海洋异常情况的影响,比较安全。不过该发电装置需要有防水功能,而且维护保养比较困难。

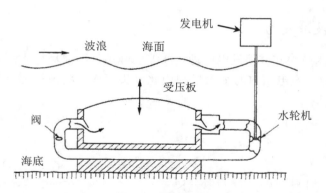

图 6.13　受压面式波浪发电装置

6.5　波浪发电应用

我国是世界上主要的波浪能研发国家之一，对波浪发电进行了大量的研究和试验，如固定式和漂浮式振荡水柱发电装置以及摆式发电装置等，并制成了供航标灯使用的发电装置和大型波浪发电机组。

我国在珠海市大万山岛建成一座装机容量 100kW 的鸭式波浪发电站，在广东汕尾市遮浪建成 100kW 岸式振荡水柱式发电站，在青岛即墨大官岛建成 100kW 摆式波力发电站。

珠海市大万山岛鸭式波浪发电站如图 6.14 所示，该电站装机容量为 100kW，主要由钢结构件、液压转换系统以及发电系统构成。该发电装置长 34.5m，宽 12m，高 17m，总重量约为 350t。该电站的外形为鸭式形状，采用放气方法使鸭头完全埋入水中，而鸭背在水面上，以降低波浪的载荷，从而提高装置的抗台风能力。

图 6.14　珠海市大万山岛鸭式波浪发电站

图 6.15 为广东汕尾波浪发电站。采用岸式(固定式)振荡水柱方式,装机容量为 100kW,气室为圆柱形,厚 0.5m,内径为 6.4m,面向东南,电站具有较高的转换效率和完整的保护措施。

图 6.15　广东汕尾岸式振荡水柱式波浪发电站

我国拥有 18000km 的海岸线,有近 7000 座岛屿,总面积达 6700km^2,这些岛屿大多远离陆地,缺少能源供应,因此有必要大力发展我国的海洋能资源,为岛屿等提供电能。

第7章　海洋潮汐发电

潮汐能是在地球与月球之间的引力作用下，导致海水在涨潮、落潮的过程中所产生的水位差的能量(位能)。潮汐发电利用海水涨、落时的海水的水位差，即潮汐的位能进行发电。潮汐发电可分为单向发电、双向发电以及蓄水池发电等。潮汐发电使用潮汐能，发电不产生排放，不需要燃料，发电成本较低，利用有规律的潮水，发电输出功率比较稳定。

本章主要介绍潮汐能、潮汐发电的种类和特点、潮汐发电原理、系统以及应用等。

7.1　潮汐能

海水的涨落发生在白天叫潮，发生在夜间叫汐。涨潮和落潮一天有两次，称为潮汐。海水涨潮、落潮过程中所产生的潮汐能特别巨大，全球的潮汐资源十分丰富，潮汐能约为3000GW，可利用的为1%~2%，即可利用的量为30~60GW，每年可发电2万亿~3万亿千瓦时。据预测，到2020年全球潮汐发电装机容量将达到1000亿~3000亿千瓦。

我国的潮汐资源十分丰富，东海和黄海的潮差较大，海洋潮汐能资源较丰富。钱塘江口、长江口北支的河口潮汐能资源较丰富。潮汐资源主要集中在华东，如浙江、福建以及上海等沿海地区。据估计，钱塘江口的潮差达9m，可建500万千瓦的潮汐电站，年发电量约180多亿千瓦时；长江口北支可建80万千瓦的潮汐电站，年发电量约23亿千瓦时。

我国的海岸线长约18000km，至少可产生3000万千瓦的电能，年发电量可达700亿千瓦时。由于我国可利用的潮汐能资源极其丰富，因此开发和利用潮汐能对我国改善环境、保障能源供给非常重要。

7.2　潮汐发电的种类和特点

早在12世纪，人类就开始利用潮汐能，如利用潮汐能代替人力磨面等。随着近代科学技术的发展，人类开始在河口、海岸等处建造潮汐电站，利用潮汐能进行发电。潮汐能可分为两种能量：一种是潮汐的位能，另一种是潮汐的动能。可利用潮汐涨、落时海水产生的位能进行发电，如1967年在法国朗斯河口建造的潮汐电站就属于这一类。

7.2.1　潮汐发电的种类

潮汐能主要用于发电，发电时利用涨潮、落潮过程中产生的位能，一般将潮汐发电装置安装在海水涨落时水位差较大的地方，潮汐发电是一种利用超低落差的水力发电。由于潮水的流动与河水的流动不同，它不断变换方向，所以潮汐发电有三种形式，即单库单向发电方式、单库双向发电方式以及双库单向发电方式。潮汐发电的种类和特点如表 7.1 所示。

表7.1　　　　　　　　　　　　　　潮汐发电的种类

蓄水池	潮汐发电方式	特　　点
单蓄水池（单库）	单向发电方式	只能在落潮时发电，发电时间较短，平潮时不发电
	双向发电方式	涨潮和落潮时均发电，但平潮时不发电
双蓄水池（双库）	单向发电方式	涨潮时一个蓄水池进水（高蓄水池），落潮时另一个蓄水池放水（低蓄水池），利用两蓄水池之间的落差全天发电，电力输出比较平稳
	双向发电方式（应用较少）	

7.2.2　潮汐发电的特点

潮汐发电的特点是：利用有规律的潮水，发电输出功率较稳定；蓄水池、水库建在河口、海湾处，可节约大量的土地资源，对环境影响不大；发电不需要其他化石燃料，发电成本较低，清洁、无有害物排放；但需要建设拦水坝，造价高、机电设备有腐蚀，维护不太方便。

7.3　潮汐发电原理

7.3.1　潮汐发电的原理

图 7.1 所示为潮汐发电的概念图，潮汐发电的工作原理与常规水力发电的原理类似，潮汐发电利用潮差、流量等水能使水轮机旋转，将潮汐能转换成机械能，然后驱动发电机发电。水轮机的输出功率 $N(\text{W})$ 可由式(7.1)表示。

$$N = \eta \rho g Q H \tag{7.1}$$

式中，η 为水轮机的总效率；ρ 为海水密度，1030kg/m^3；g 为重力加速度，m/s^2；Q 为流量，m^3/s；H 为潮差(水头)，m。

7.3.2　潮汐发电的构成

图 7.2 为潮汐发电的构成，主要由水坝、水轮机、发电机以及蓄水池等构成。在靠近海岸的地方建设水坝，形成蓄水池，涨潮时将海水引入蓄水池，落潮时海水从蓄水池流入大海，水轮发电机组利用海水涨落时的水位差(水头)进行发电。由于潮汐发电利用涨落

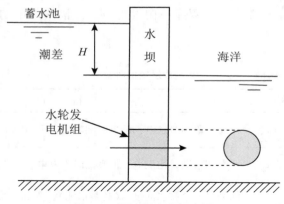

图 7.1　潮汐发电的概念图

潮时的海水的位能发电，落差较小，所以一般使用低水头、大流量的水轮发电机组发电，如使用横轴灯泡式水轮机，并与发电机同轴联结进行发电。

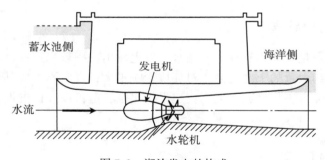

图 7.2　潮汐发电的构成

7.4　潮汐发电站

根据前述的潮汐发电方式，潮汐发电站可分为单库单向发电方式、单库双向发电方式以及双库单向发电方式。

7.4.1　单库单向发电站

图 7.3 为单库单向发电站概念图，其发电原理是：在海湾或河口筑堤设闸，涨潮时打开可动堰闸门蓄水，当达到最高水位时关闭闸门，落潮时当达到发电所需的潮位差时开始发电。由于这种发电方式只在落潮时发电，所以称为单向发电站。

图 7.4 为单库单向发电站的构成。主要由蓄水池、水轮机、发电机、可动堰等构成。这种类型的电站为单库，只能在落潮时发电，一天两次，每次可发电 5h 左右，发电时间较短。水轮发电机单向运行，蓄水池构造比较简单，我国浙江省温岭市沙山潮汐电站就属

于这种类型。

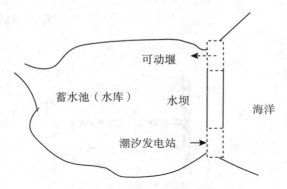

图 7.3 单向发电站概念图

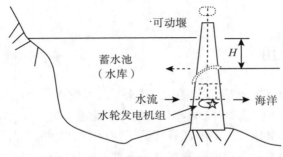

图 7.4 单库单向发电站的构成

7.4.2 单库双向发电站

由于单库单向发电站只能在落潮时发电，发电时间较短，为了提高潮汐能的利用率，使发电机在涨潮进水和落潮出水时都能发电，可采用双向发电方式。

单库双向发电站是指涨潮和落潮时均发电，但平潮(海水上涨到最大高度后，短时间(一般为0.8h)内保持不涨不落的现象)时不发电的系统。涨潮时水轮发电机组利用上升的海面水位与蓄水池前回落潮时的水位的落差(水头)发电；落潮时则与之相反的原理发电。这种发电系统利用双向水流发电，发电时间较长，但需要使用可利用双向水流发电的双向水轮发电机组。广东省东莞市的镇口潮汐电站及浙江省温岭市江厦潮汐电站就属于这种类型。

7.4.3 双库单向发电站

在平潮时，由于前两种类型的电站无法进行发电，不能供给稳定的电能，所以需要配置两个蓄水池或水库(双水库)进行双库单向发电。该电站在涨落潮全过程可连续不断地发电，连续输出平稳的电能。

双库单向发电站如7.5所示，该电站建有两个蓄水池，涨潮时其中一个蓄水池进水

（称高蓄水池），落潮时另一个蓄水池放水（称低蓄水池），发电时将高蓄水池的水放出流入低蓄水池，安装在两蓄水池之间的水轮发电机组则利用两蓄水池之间的落差实现全天候连续发电。这种发电方式由于需要建造两个蓄水池，所以建设成本较高。

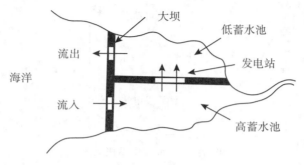

图 7.5 双库单向发电站

7.5 潮汐发电应用

目前，利用海洋能较多的是潮汐发电，其次是波浪发电。我国是世界上建造潮汐电站最多的国家之一，在 20 世纪 50 年代至 70 年代先后建造了近 50 座潮汐电站。东南沿海的浙江、福建利用潮汐发电较早，如浙江省建造了江厦潮汐电站，是我国建造的最大双向潮汐发电站，仅次于法国朗斯潮汐电站和加拿大安纳波利斯潮汐电站，居世界第三位。

图 7.6 为浙江省温岭市江厦潮汐电站。该电站是我国第一座单库双向潮汐电站，第一

图 7.6 江厦潮汐电站

台机组于 1980 年 5 月投产发电。拦潮坝全长 670m，水库有效库容为 $2.7×10^6 m^3$，最大潮差 8.39m，平均潮差 5.08m。电站设计装机容量 3900kW，现装机 3200kW，安装有 6 台双向灯泡贯流式水轮发电机组，每昼夜可发电 14～15h，比单向潮汐电站增加发电量 30%～40%，每年可提供 1000 万千瓦时的电能。

国外具有代表性的潮汐发电站是图 7.7 所示的法国北部英吉利海峡上的朗斯河口潮汐电站，它建于 1966 年，是世界上最大的潮汐发电站。该电站的水坝长 750m，单机输出功率为 10MW，装机 24 台，总装机容量为 24 万千瓦，已经工作了 50 多年。该电站的最大潮位差为 13.5m，平均潮位差为 8.5m，蓄水池建在海岸附近，每天有两次涨潮和落潮，利用蓄水池与海水间的落差进行 4 次发电，年发电量为 610GWh。

图 7.7　法国朗斯河口潮汐电站

第8章 海洋温差发电

本章主要介绍海洋温差能、海洋温差发电的原理、海洋温差发电的种类和特点、海洋温差发电系统以及海洋温差发电应用等。

8.1 海洋温差能

8.1.1 海洋温差能

海洋面积约占地球表面积的 2/3，每秒约有 $55.1×10^{12}$ kW 的太阳能量到达海洋的表面，如果能利用其中 2%的能量用于海洋温差发电，可产生约 $1.1×10^{12}$ kW 的电能。

在太阳辐射的作用下，深度 100m 以内的海洋浅层水温上升，浅层温度可达到 $25\sim$ 30℃以上，称为高热源。由于北极和南极的深海流的流动，海洋深层处于低温状态，海中 $800\sim1000$m 的深层海水温度在 $5\sim7$℃之间，称为低热源。海洋的浅层水温与深层水温之间形成温差。海洋温差能是一种热能，海洋温差发电则利用浅层温水与深层冷水之间的温差发电，因此是一种利用太阳热发电的方式。

8.1.2 海洋温差能分布

图 8.1 为世界海洋的浅层与 1000m 深层之间的温差分布图。赤道附近的热带、亚热带的海水浅层温度一般为 $24\sim29$℃，温度随季节的变化不大，海中 800m 以下的深层温度也基本不变，温度为 $4\sim6$℃，浅层温度与深层温度的温差达到 $22\sim24$℃。温差与纬度、地形以及季节等有关，纬度越高则温差越小。由图可知我国的海南岛海域的温差在 22℃左右，比较适合海洋温差发电。

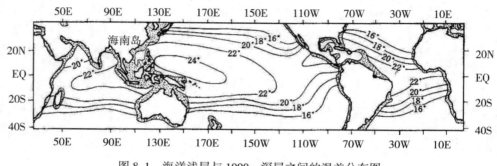

图 8.1　海洋浅层与 1000m 深层之间的温差分布图

图 8.2 为墨西哥湾海洋深度方向的温度分布。浅层海水在夏天时超过 25℃，深层海水在冬天约为 10℃，可见浅层海水与深层海水之间的温差超过 15℃，温差发电装置则可利用此温差进行发电。

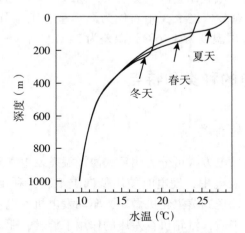

图 8.2　墨西哥湾海洋深度方向的温度分布

8.2　海洋温差发电原理

图 8.3 所示为海洋温差发电原理。海洋温差发电装置利用海面的浅层温海水（约

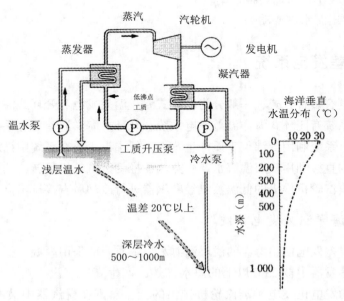

图 8.3　海洋温差发电原理

25℃），通过蒸发器将低沸点工质加热为高压蒸汽，然后将高压蒸汽输送到蒸汽轮机做功并旋转，驱动发电机发电，蒸汽轮机做功后排除的高温气体通过凝汽器与来自冷水泵的深层冷水进行冷却转换成液体，并输送到蒸发器再气化进行循环利用。工质一般使用低沸点的氟利昂、氨或丙烷，由于氟利昂会破坏臭氧层，所以主要使用氨作为工质，氨的沸点为 13~25℃，在此温度时会蒸发。图 8.3 中右侧为海洋垂直水温分布图，浅层温度为 28~30℃，水下 1000m 处的深层温度为 4~6℃，温差为 24℃ 左右。

8.3　海洋温差发电的种类和特点

8.3.1　海洋温差发电的种类

如前所述，海洋温差发电方式可分为闭环式海洋温差发电和开环式海洋温差发电两种方式。在闭环式海洋温差发电中，发电时使用低沸点工质，利用蒸发器将低沸点工质蒸发，然后将被蒸发的工质输送到蒸汽轮机做功，驱动发电机发电；在开环式海洋温差发电中，发电时不使用低沸点工质，汽轮机在差压的作用下旋转，驱动发电机发电。

8.3.2　海洋温差发电的特点

海洋温差发电的主要特点是：
(1)海洋温差能丰富；
(2)发电利用的是清洁的可再生能源；
(3)可连续发电，是一种输出功率稳定的电源；
(4)由于温差较小，所以转换效率较低；
(5)从深海取出海水需要动力。

8.4　海洋温差发电系统

海洋温差发电有多种方式，一般分为闭环式海洋温差发电和开环式海洋温差发电，因此海洋温差发电系统有闭环式海洋温差发电系统和开环式海洋温差发电系统两种方式。闭环式海洋温差发电系统利用低沸点工质产生蒸汽，低沸点工质在系统中循环。而开环式海洋温差发电系统则直接利用浅层温海水产生蒸汽，推动蒸汽轮机运转，然后汽轮机驱动发电机发电。而从蒸汽轮机排出的低温蒸汽经凝汽器进行冷却后直接排出。

8.4.1　闭环式海洋温差发电系统

闭环式海洋温差发电使用海洋的浅层温海水，工质一般采用丙烷、氨、氟利昂等低沸点物质。工质在蒸发器中被 25℃ 以上的海水加热，产生高压蒸汽，然后将高压蒸汽输送到蒸汽轮机，驱动发电机发电。蒸汽轮机排出的低压蒸汽在凝汽器中被海洋深层的低温（约 5℃）海水冷却成液体，再经工作泵加压后进入蒸发器进行循环使用，通过低沸点工质的循环连续发电，即低沸点工质在系统中循环，所以这种发电方式又称闭环式海洋温差发电。

闭环式海洋温差发电系统如图8.4所示。该系统由蒸发器、凝汽器、蒸汽轮机、发电机、热水泵、冷水泵以及工作泵(加压泵)等构成。首先利用热水泵将25~30℃的浅层海水送入蒸发器，让其通过小圆管或板间，将蒸发器中的氨加热使之成为氨蒸汽，将海水的热能转换成氨蒸汽的热能。然后通过管道将氨蒸汽从蒸发器送入蒸汽轮机，将氨蒸汽所具有的热能转换成蒸汽轮机的机械能，最后蒸汽轮机带动与之相连的发电机旋转产生电能，将蒸汽轮机的机械能转换成电能。

做功后的氨蒸汽从蒸汽轮机排出时温度变低，然后被送入凝汽器，由于在凝汽器中的小圆管内或板与板间通有5~7℃的深层海水，所以从小圆管表面或板的外侧通过的氨蒸汽会被凝结，最后被转换成氨液体。氨液体通过工作泵再次被送入蒸发器，重复上述过程。所以，只要浅层的温海水与深层的冷海水之间存在一定的温差，闭环式海洋温差发电系统就可利用温差持续发电。

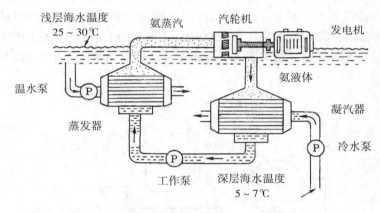

图8.4 闭环式海洋温差发电系统

图8.5为蒸发器和凝汽器之间的动作温度的关系。氨受到浅层温海水的作用，在蒸发器内被加热至22.6℃，然后送入蒸汽轮机。从蒸汽轮机排出的氨蒸汽经利用深层冷海水的凝汽器进行冷却，变成12.1℃的液体，然后经工作泵返回至蒸发器进行再利用。

8.4.2 开环式海洋温差发电系统

开环式海洋温差发电不使用低沸点工质，而是直接利用海洋中的浅层温海水通过蒸发器产生蒸汽，推动汽轮机运转，使发电机发电。在此发电系统中，汽轮机工作后的蒸汽被送至凝汽器进行冷却，不再送入蒸发器进行再利用，而是直接排出，所以称之为开环式海洋温差发电。

图8.6为开环式海洋温差发电系统。如图所示该系统发电时不使用低沸点工质，而是首先使用真空泵使蒸发器、汽轮机以及凝汽器中形成低压，然后将约28℃的浅层温海水

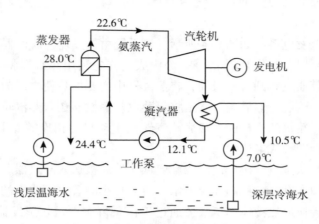

图 8.5　蒸发器和凝汽器的动作温度

送入蒸发器中(25℃的水蒸气压约 3000Pa)，温海水被蒸发变成水蒸气，然后将水蒸气送入汽轮机，使汽轮机旋转，排出的水蒸气送回至凝汽器进行冷却，使水温降至约 13℃，低于深层海水的温度，此时的蒸汽压约 1500Pa，汽轮机在压差 1500Pa 的作用下旋转，驱动发电机发电。在这种发电系统中，蒸汽轮机工作后的蒸汽被送至凝汽器进行冷却，可制成淡水。

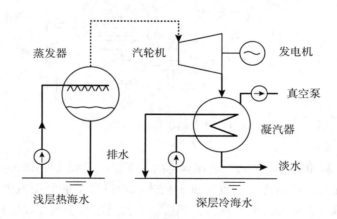

图 8.6　开环式海洋温差发电系统

　　海洋温差发电系统除了发电装置以外，还需要配备深层海水取水装置。海洋温差发电系统可设置在陆地上，称为陆上设置型。海洋温差发电装置一般设置在陆地上，而在海洋的浅层和深层分别设置取水管，利用水泵将浅层温海水和深层冷海水取出。如果将海洋温差发电系统设置在海洋上，则称为海上设置型，一般将发电装置、固定装置、深层海水取水管等设置在海上。

　　海洋温差发电的理论热效率大约为 10%，为了提高效率可采用高效率的热交换器、使用大型发电装置以及减少附属装置所用动力等方法。

8.5 海洋温差发电的应用

图 8.7 为海上设置型海洋温差发电系统概念图。该发电系统的发电装置、固定装置、深层海水取水管等设置在海上。现在海洋温差发电还处在研发、试用阶段，将来有望得到广泛应用。

图 8.7 海洋温差发电系统概念图

第9章 地热发电

　　地热能是地球诞生以来在地球内部产生、积存的热能，它以热水或蒸汽的形式存在。人类从地面所能采集到的能源中，来自太阳的能源约占 99.98%，地热能占 0.02% 左右。地热发电利用地球内部巨大的热能发电，即利用蒸汽驱动蒸汽轮机运转，将热能转换成机械能，蒸汽轮机带动发电机运转，将机械能转换成电能。由于地热发电使用可再生的清洁能源，资源量巨大，发电不需要燃料，不受气候等影响，发电效率高、输出功率大、比较稳定，地热发电正在得到大力开发和利用。

　　本章主要介绍地热能、地热发电原理、地热发电种类和特点、地热发电系统以及地热发电应用等。

9.1　地热能

9.1.1　地球内部的热能

　　地球内部的构造如图 9.1 所示。从地表向里依次为地壳、地幔、外核和内核。地球的半径约为 6370km。最外层的地壳(海洋和陆地)的厚度是不同的，海洋为数千米，陆地为 30~40km。从地壳向里是地幔，其厚度为 2900km，是温度在 3000℃ 以上的高温岩层，越往地球深处其温度越高，离地表 6370km 的地心(内核)的温度高达 6000℃，接近太阳表面温度。可见，地球内部蕴藏着巨大的热能。

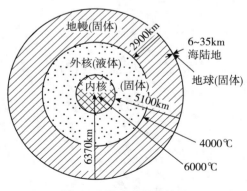

图 9.1　地球内部的构造

　　地球内部的高温源于岩石中的放射性物质铀、钍、钾等元素的衰变过程。高温岩层缓慢对流将地心的热量传到地壳。陆地地壳的厚度为 30~40km，由花岗岩、玄武岩等构成，除了火山地带或地下地热地带外，地壳从地表向里的热传导所引起的温度上升(温升梯度)一般为每 100 米 3℃ 左右，地热能温度从地表向里，地下 1km 处约 45℃，地下 3km 处约 105℃，地下 5km 处约 165℃，深约 40km 处的地壳底部的温度约 1000℃。可见，地球表面的地壳有热能存在，但能量密度较低，用于地热发电时存在温度较低的问题。

在火山地带或地热地带会发生热水的对流，大量地热从地下传至地表，从地表向里的温度梯度一般为每 100 米 10℃ 左右，地下深处存在的高温岩浆将渗入地下的水加热，变成高温热水或蒸汽。

我国是地热资源较丰富的国家，地热资源总量约占全球资源量的六分之一，但多为低温地热，主要分布在西藏、四川、华北、松辽和苏北等地，可用于发电的高温地热资源主要分布在滇、藏、川西等地。已经发现的天然温泉就有 2000 处以上，温度大多在 60℃ 以上，个别地方达 100~140℃。西藏地热蕴藏量居我国首位，其地热资源发电潜力超过 1000MW，可以进行开发应用。

9.1.2 火山地带内部的热能

图 9.2 为火山地带地壳内部的构造，在地幔上部产生流动性的岩浆，其中一部分岩浆流向地表，在较浅的地壳内部形成岩浆积存处，一般离地表数千米，温度达到 1000℃ 左右，由于岩浆积存处的温度高于周围的岩体，所以会使岩体的温度升高。

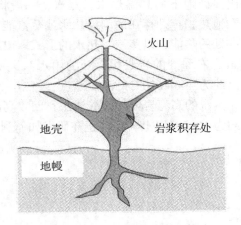

图 9.2　火山地带地壳内部的构造

9.1.3 地热积存处、岩浆积存处

图 9.3 为地热积存处、岩浆积存处的构成。地壳中的岩石一般存在裂缝，当地面的雨水渗入时，岩浆积存处周围的岩浆会将水加热，变成高温的热水或蒸汽，然后经岩石裂缝上升至地表附近，在不渗水层处积存大量的高温高压热水。另外，由于热水等在通过裂缝上升的过程中温度、压力会下降，融化在热水中的成分会沉淀致使裂缝堵塞，形成地热积

存处，一般离地表 1~2km，如果从地表钻孔打眼至地热积存处则可获取热水用于发电。

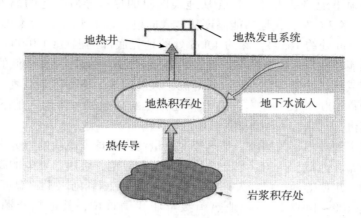

图 9.3　地热积存处和岩浆积存处的构成

9.1.4　地热能的采集方法

地热能可从地热积存处、岩浆积存处以及高温岩体等处获取。采集用于发电的地热能的方法一般有以下三种，这里所述的深度和温度根据地域不同存在一定的差异。

第一种方法是直接取出浅处地下的高温热水、蒸汽，一般将地下数百米到 2km 之间的地带称为地热积存处，在地热积存处存在的高温热水或蒸汽能量称为地热能，目前地热发电一般利用浅处地热积存处的热能，以蒸汽、热水的形式取出发电。

第二种方法是回收 4km 左右深处的岩浆积存处的雨水渗透所产生的蒸汽，或是人工从地面注水，回收其产生的约为 400~650℃ 的高温蒸汽。

第三种方法是人工向无蒸汽的高温岩体的裂缝注水，回收高温蒸汽，高温岩体一般在地下 4~10km 左右，温度约为 1000℃ 以上，目前正在研发如何利用高温岩体发电的技术。

9.2　地热发电原理

9.2.1　地热系统的构成

图 9.4 为地热系统的构成，由图可知从降雨到热水、蒸汽的形成、地热能的采集以及发电的过程。当雨水渗入地下深处时，岩浆会将雨水加热到 200~300℃，变成高温高压的热水或蒸汽，并积存在地热积存处，此处相当于火力发电的锅炉部分，在此处开掘深井，取出大量的热水和蒸汽，可利用这些热能驱动汽轮机运转，带动发电机发电，该系统利用地热积存处的热能发电。

9.2.2　地热发电原理

地热发电是一种利用地下热能使蒸汽轮机运转，将热能转换成机械能，然后驱动发电

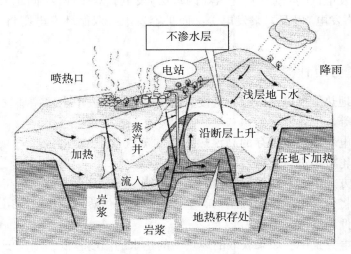

图 9.4 地热系统

机发电的一种能量转换方式。地热发电的种类较多，这里说明如图 9.5 所示的地热发电的原理。从地热积存处的工作井取出热水和蒸汽的混合体，经汽水分离器分离成热水和蒸汽，热水经还原井返回地下再利用，蒸汽被送往蒸汽轮机做功，驱动发电机发电后经凝汽器还原成水，电能则通过变压器升压并送往电网。

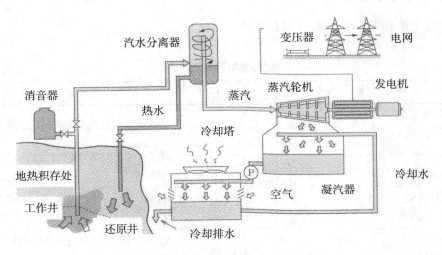

图 9.5 地热发电的原理

9.3 地热发电的种类和特点

地热资源主要有蒸汽型和热水型两类。根据利用地热资源方式的不同，地热能发电可以分为直接蒸汽发电(干蒸汽电)、扩容(闪蒸法)发电、双循环(中间工质法)发电、高温岩体发电(干热岩发电)以及岩浆发电等。而扩容发电、双循环发电则将地下热水转换成蒸汽发电。

9.3.1　地热发电的种类

如前所述,地热能发电可以分为直接蒸汽发电、扩容发电、双循环发电、高温岩体发电以及岩浆发电等。

直接蒸汽发电利用地下积存的高温热水中的蒸汽(无热水的纯蒸汽),直接将蒸汽从工作井送至蒸汽轮机组进行发电。

在扩容发电方式中,对获取的地热中的热水使用汽水分离器分离出高压蒸汽,并送入蒸汽轮机组,再将分离出的热水减压,产生低压蒸汽,供蒸汽轮机组使用,这种发电方式同时利用高压和低压蒸汽发电。

在双循环发电方式中,如果获取的地热中的热水的温度较低,则需要利用热水的热能将工质(媒质)加热产生蒸汽,即利用温度较低的热水或蒸汽将低沸点工质的氨或氟利昂等加热,产生高温蒸汽驱动蒸汽轮机运转,带动发电机发电。

高温岩体发电则利用人工向高温岩体的裂缝注水,回收高温蒸汽进行发电,这种发电方式正在研发之中。岩浆发电直接利用岩浆的热能,不需进行汽水分离,即直接利用蒸汽进行发电。

9.3.2　地热发电的特点

地热发电的种类及特点如表9.1所示。

表9.1　　　　　　　　　　　　　　　地热发电种类及特点

地热发电种类	深度	温度(℃)	发电使用热能
直接蒸汽发电 (干蒸汽发电)	数十米~3km	200~300	直接利用地下积存的高温蒸汽发电
扩容发电 (闪蒸法)		200~350	利用地热水闪蒸成的蒸汽(高压和低压蒸汽)发电
双循环发电 (中间工质法)		80~150	利用低温热水将低沸点工质加热产生蒸汽发电
高温岩体发电 (干热岩发电)	2~5km	200~300	人工向高温岩体裂缝注水,回收高温蒸汽发电
岩浆发电	大于4km	400~650	利用岩浆所产生的蒸汽进行发电

地热发电的主要特点是:

(1)在有地热资源的地方建造地热电站,可减少运输、储存等环节;

(2)地下的高温地热流体(蒸汽、热水)资源量巨大,发电不需要燃料,可减少对煤炭、石油的依赖；

（3）发电使用可再生、清洁的能源，二氧化碳减排效果明显，排量只有化石燃料发电的 1/10；

（4）地热发电不受气候、天气等的影响，发电输出功率大、比较稳定；

（5）由于所利用的能量密度较大，所以发电效率较高，可达 73% 以上，是太阳能光伏发电的 5.4 倍，风力发电的 3.6 倍；

（6）由于从地下热源调查开始到地热电站建成发电一般需要较长时间，所以开发时间长、成本较高；

（7）与火力发电不同，地热发电不用锅炉，而是利用地热；

（8）地热流体为热水与蒸汽混合状态时，需要将蒸汽分离出来；

（9）蒸汽中含有 CO_2，但低于燃烧化石燃料的火力发电的含量；

（10）热水中含有 Na、K、Ca、Si、SO_4 等成分。

9.4　地热发电系统

利用地热资源发电主要有蒸汽型和热水型两类。地热发电有直接蒸汽发电、扩容发电、双循环发电、高温岩体发电以及岩浆发电等方式。根据这些发电方式可将发电系统分为直接蒸汽发电系统、扩容发电系统、双循环发电系统、高温岩体发电系统以及岩浆发电系统等。下面主要介绍这些发电系统的构成、发电原理以及特点等。

9.4.1　直接蒸汽发电系统

直接蒸汽发电是一种直接利用地下积存的蒸汽进行发电的方式。这种发电方式直接从工作井取出从地下喷出的无热水的纯蒸汽，经分离器分离出固体杂质后送入蒸汽轮机做功，带动发电机发电，因此称这种发电系统为直接蒸汽发电系统，或干蒸汽发电系统。

直接蒸汽发电有两种方式：一种是背压式（无凝汽器），另一种是凝汽式。背压式直接蒸汽发电系统如图 9.6 所示。在背压式直接蒸汽发电系统中不使用凝汽器、冷却装置，通过蒸汽轮机做功后的蒸汽直接排向大气，该发电系统结构比较简单、但发电效率较低、输出功率较小。

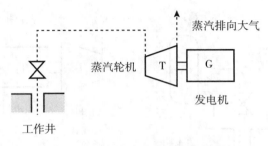

图 9.6　背压式直接蒸汽发电系统

图 9.7 为凝汽式直接蒸汽发电系统，在该系统中使用了凝汽器、冷却装置，由于蒸汽轮机出口的蒸汽压力远低于大气压，所以发电效率高、输出功率大。

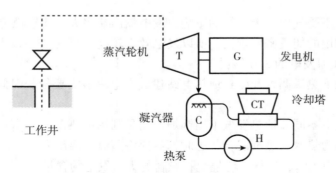

图 9.7　凝汽式直接蒸汽发电系统

9.4.2　扩容发电系统

扩容发电利用蒸汽和热水的混合地热流体，经汽水分离器获得的高压和低压蒸汽发电。地下的地热流体在通过工作井上升的过程中减压沸腾（扩容）得到蒸汽和热水，汽水分离器将蒸汽和热水进行分离，分离的蒸汽（称为一次蒸汽）被送入汽轮机的高压段，驱动发电机发电，而被分离的热水如果不是高温热水，则经过还原井返送至地下；如果被分离的热水仍为高温热水，则通过汽水分离器（扩容蒸发器）再次进行减压沸腾产生蒸汽（称为二次蒸汽），并送入汽轮机的低压段，驱动发电机发电，可见扩容发电可利用高压和低压蒸汽发电。

（1）单扩容发电

扩容发电有两种发电方式，即单扩容发电和双扩容发电。利用一次蒸汽发电的叫单扩容发电。单扩容发电可分为背压式和凝汽式两种发电方式，图 9.8 为背压式单扩容发电系统，在此系统中不使用凝汽器、冷却塔等。图 9.9 为凝汽式单扩容发电系统，在此系统中设有凝汽器、冷却塔等。图中，S 为汽水分离器；T 为汽轮机；G 为发电机；C 为凝汽器；H 为热泵。

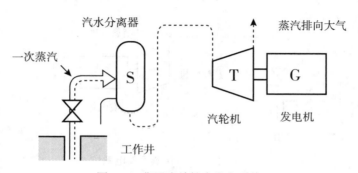

图 9.8　背压式单扩容发电系统

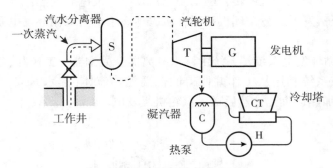

图 9.9　凝汽式单扩容发电系统

(2) 双扩容发电

利用一次和二次蒸汽发电的叫双扩容发电。图 9.10 为凝汽式双扩容发电系统，系统中的高压汽水分离器将地下的地热流体在通过工作井上升的过程中减压沸腾的蒸汽和热水进行分离，所获得的一次蒸汽被送入汽轮机的高压段，驱动汽轮机工作并带动发电机发电，当高压汽水分离器所分离的热水仍为高温热水时，则通过低压汽水分离器再次进行减压沸腾产生二次蒸汽，并送入汽轮机的低压段进行利用，驱动汽轮机工作并带动发电机发电。该发电方式利用一次和二次蒸汽发电，可有效利用地热能，与单扩容发电相比，热效率可提高 15%~20%。

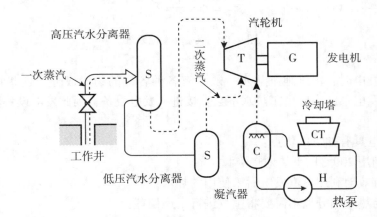

图 9.10　凝汽式双扩容发电系统

9.4.3　双循环发电系统

当从地下获得的热水或含有少量蒸汽的热水的压力、温度较低时，则不能满足使蒸汽轮机运转所需的高压高温的需要，此时，低温蒸汽源需要与沸点比水低的氨等工质进行热交换，使氨等工质产生高压蒸气，推动蒸汽轮机运转，并带动发电机发电。

在此发电系统中，用低温热水、蒸汽将低沸点工质(媒质)氨或氟利昂等加热产生高温高压蒸气，然后使蒸汽轮机运转，驱动发电机发电，发电后的蒸汽经冷却器冷却，通过工质输送泵输送至蒸发器进行循环再利用，所以称该系统为双循环发电系统，或中间工质发电方式。

图9.11为双循环发电系统。系统由汽水分离器、凝汽器、工作井、还原井、汽轮机、发电机等构成。该系统利用从工作井取得的低温地热流体(热水，或含有少量蒸汽的热水)将低沸点工质加热、汽化，然后送入汽轮机组发电。

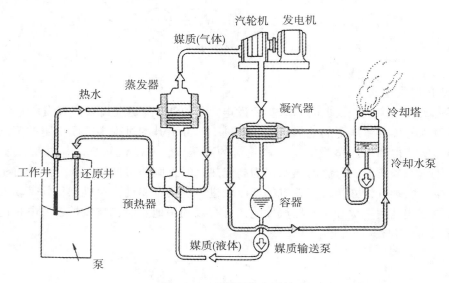

图9.11　双循环发电系统

利用蒸汽发电时，由于地下热水一般含有各种各样的物质成分，这些物质会腐蚀材料，而双循环发电系统中，由于热水不会直接进入发电设备，因此发电设备不会产生腐蚀问题。

双循环发电具有如下的优点：

(1)可以利用200℃以下的地热资源；

(2)可以有效地利用蒸汽发电后未使用的热水；

(3)蒸汽与热水的分离不需要将蒸汽进行干燥处理；

(4)蒸汽轮机的设计比较容易；

(5)由于蒸汽中不含不纯物，所以不会发生蒸汽轮机水垢附着现象；

(6)由于是封闭系统，不会向大气排出二氧化碳，对环境的影响甚微。

9.4.4　高温岩体发电系统

在地球的深处，由于辐射或固化岩浆的作用，在地壳中蕴藏的一种不存在水或蒸汽的高温岩体，称为干热岩。它埋藏于地下2~6km的深处，温度为150~650℃。离地表4~6km、温度约为200℃的热干岩可被开发用于发电。

　　高温岩体发电(又称干热岩发电,)是人工向高温岩体裂缝注水,回收高温蒸汽进行发电的方式。在地下有高温岩体的地方,一般没有天然的热水、蒸汽,因此需要从地面将水注入人工开凿的高温岩体的裂缝内,然后取出热水、蒸汽进行发电,因此这种发电方式是一种回收高温岩体中的热能进行发电的方式。

　　图9.12为高温岩体发电系统。该系统由人工储存层(人工热储水库)、工作井、注入井、分离器、冷却器、汽轮机、发电机等组成。其工作原理是:先在高温岩体中挖掘注入井,并进行压裂形成裂缝破碎带,再钻一口横穿该裂缝破碎带的生产井,然后从地表将水压入注井中,水流过高温岩体中的裂缝破碎带并被加热,使水、汽温度可达150~200℃,在地下形成人工地热储存层。利用水泵使热水、蒸汽在地下与地表之间强制循环,以高温水、汽的形式通过生产井回收发电。发电后的冷却水再次通过高压泵注入地下热交换系统进行循环再利用,以便充分利用发电过程中未被使用的热能。在此闭合循环系统中不排放废水、废物、废气,对环境没有影响。

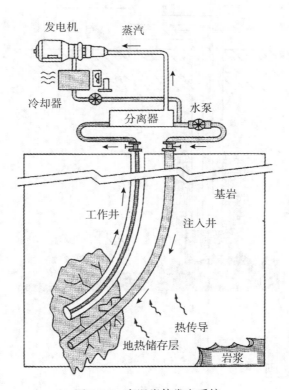

图9.12　高温岩体发电系统

　　高温岩体发电利用的是地球内部的岩石普遍存在的热能,具有极大的商业利用价值,从经济的角度来说,发电站的规模在200MW、发电期间30年以上较为合理。美国在新墨西哥州北部打了2口约4km的深斜井,从一口井中将冷水注入干热岩体,从另一口井取出由岩体加热产生的蒸汽,发电容量为2300kW。进行干热岩发电研究的还有日本、英国、法国、德国和俄罗斯等国,由于高温岩体发电还有许多未解决的技术问题,因此各国正在大力研发之中，迄今尚无大规模应用。

我国 2015 年在福建开凿了第一个干热岩资源勘查深井，井深达到 4km，2017 年在青海共和盆地发现了 18 处干热岩，总面积达 3092km²，深度达 3705m，温度高达 236℃，可用于发电。我国虽然对干热岩的研究和开发比较晚，但发展迅速。

9.4.5 岩浆发电系统

图 9.13 为岩浆发电系统。该系统由抽热层（热破碎带）、发电站、内管、外管等构成。抽热层位于岩浆附近，首先从地面挖掘工作井直达抽热层，在抽热层中插入外管，然后将隔热性能较好的内管插入其中，从外管注入冷水，外管通过与抽热层的热交换，内管将高温热水取出并送往地面的蒸汽轮机，然后驱动发电机发电。这种方式与高温岩体发电不同，它直接利用岩浆的热能进行发电，可以不断地取出该处的热能加以利用。

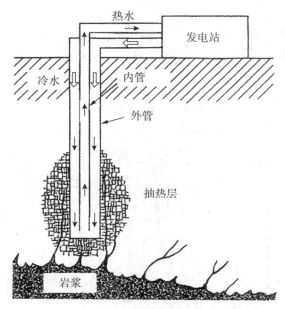

图 9.13 岩浆发电系统

9.5 地热发电应用

1904 年意大利在托斯卡纳的拉德瑞罗建成了世界上最早的地热电站，地热发电试验取得了成功，1913 年 250kW 的发电机组开始发电。我国先后在广东丰顺、河北怀来、江西宜春、湖南灰汤、辽宁熊岳、广西象州和山东招远等 7 个地区建成了中低温地热发电站，在西藏羊八井建成了中高温地热发电站。

图 9.14 为西藏羊八井地热电站的外观，它位于拉萨市西北 90km 的当雄县境内，是我国最大的地热电站，装机容量为 2.52 万千瓦，该地热电站已与拉萨电网并网，年发电

量在拉萨电网中占45%，是藏中电网的骨干电源之一，成为拉萨市主要供电设备。

图 9.14　西藏羊八井地热发电站

　　图 9.15 为日本大分县八丁原双扩容地热发电站，总装机容量为 110MW，与单扩容地热发电站相比，该发电方式可有效利用地热能，增加约 20% 的发电量。

图 9.15　双扩容地热发电站

　　我国的地热资源较丰富，尚有大量高低温地热，尤其是西部地热亟待开发。地热能除了用于发电之外，还可以用于供暖、温泉、养殖、植物栽培等方面。总之地热能可以用于工业、农业、林业、水产以及民用等许多方面，具有广阔的应用前景。

　　地热发电已经历了 1 个多世纪，如今全球地热能发电正在不断发展，市场保持稳定增长，年增长率为 4%~5%。截至 2017 年年底，全球地热能发电新增装机容量约 644MW，总装机容量已达到 14.1GW，同比增长 7.6%，预计到 2020 年全球地热装机容量将达到 25.9GW，我国 2014 年的地热能发电总装机容量约为 27.78MW，2015 年为 100MW，预计到 2020 年装机容量将达到 530MW，我国的地热发电前景广阔。

第10章　生物质能发电

人类自远古就开始使用生物质能，它在地球上大量存在。生物质能的原始能量来源于太阳，是一种再生周期短，由动、植物产生的生物资源，且可通过植树造林等方法使其永不枯竭。现在人类主要消费地球上的煤炭、石油等化石燃料，它们不仅污染环境，且总有一天会出现枯竭，因此利用可再生的、资源丰富的生物质能是非常必要的。

生物质能是指太阳能以化学能形式储存在生物质中的能量。生物质可通过直接燃烧、或将生物质转换成固体燃料、液体燃料以及气体燃料等能量形式进行利用，如直接燃烧发电，或通过生物化学转换产生沼气，或通过热化学转换产生可燃气体，用于燃气轮机组等发电，利用生物质所具有的生物质能进行发电称之为生物质能发电。生物质除了发电以外，还可作为热源、运输燃料等被利用。

本章主要介绍生物质、生物质能、生物质能发电原理、发电种类和特点、发电系统以及应用等。

10.1　生物质能

所谓生物质是指利用大气、水、土壤等通过光合作用而产生的各种有机体，包括植物、动物和微生物，如农作物、农作物废弃物、木材、木材废弃物和动物排泄物等。

生物质能是指太阳能以化学能形式储存在生物质(以生物质为载体)中的能量(植物、动物产生的自然资源)。生物质能由绿色植物的光合作用产生，可通过燃烧、生物化学、热化学等方法转换为固态、液态和气态燃料，用于发电等。

生物质能源仅次于煤炭、石油和天然气居第四位。世界每年产生的生物质能非常巨大，大约为 3×10^{15} MJ，相当于到达地球的太阳能的 0.1%，约为世界总能耗的 10 倍。我国理论生物质资源为 50 亿吨左右标准煤，是中国总能耗的 4 倍左右，现在每年仅废弃的作物秸秆、林业弃置物达 10 亿吨，相当于 1 亿多吨的燃料汽油。将来全球总能耗将有40%以上来自生物质能源，生物质资源经过生产、转变，可作为能源或原料使用，生物质能源将成为未来持续能源的重要组成部分，由于生物质能可再生、低污染、分布广泛，所以生物质能具有非常广阔的应用前景。

10.2　生物质的转换和特点

10.2.1　生物质的种类

生物质作为资源，被利用的是生物有机体，表 10.1 为生物质的种类，生物质可分为废物类和栽培作物类。废物类包括间伐材、木屑、稻草、麦秆、家畜排泄物、排水污泥、厨房废弃物等。栽培作物类包括树木、玉米、甘蔗、海带、水葫芦等。

表 10.1　　　　　　　　　　　　　生物质的种类

生物质	废物类	农产废弃物	麦秆等
		畜产废弃物	牛、猪等排泄物
		林业废弃物	间伐材等
		产业类	排水污泥等
		生活废弃物	厨房废弃物等
	栽培作物类	树木植物	树木
		草类植物	甘蔗、玉米等
		水生植物	水葫芦、浮萍等
		海藻类	海带、紫菜等
		微细藻类	小球藻等

10.2.2　生物质的转换方法

一般来说,直接利用生物质资源有一定困难,需要将其进行转换后利用,将生物质转换为可利用的能源(生物质能)有多种方法,表 10.2 为生物质的各种转换方法。

表 10.2　　　　　　　　　　　　**生物质的转换方法**

生物质转换方法	物理转换 (直接燃烧)	气体(蒸汽)
		用压缩成型等方法制成固体燃料(RDF)
	生物化学转换 (气体、液体燃料)	利用发酵产生沼气,制成生物氢气
		利用发酵产生乙醇(酒精)
	热化学转换 (气体、液体和固体燃料)	热分解气体,水热气体
		制造甲醇、汽油等液体燃料、生物柴油燃料、生物燃料
		碳化、半碳化等固体燃料

将生物质转换为生物质能的方法,主要有直接燃烧、生物化学转换方法以及热化学转换方法等,可转换成固体燃料、液体燃料、气体燃料,可用于发电、作为热源、运输燃料等被利用。

物理转换主要指直接燃烧,将生物质通过锅炉燃烧产生气体(蒸汽)的方法。另外利用物理转换还可制成固体燃料(RDF)等。

生物化学转换方法指使用甲烷发酵(利用微生物将有机物分解成有用物质的现象)方

法产生甲烷(沼气)，利用乙醇发酵方法产生乙醇(酒精)以及制成生物氢气等转换方法。

热化学转换方法可将生物质转换成气体、液体以及固体三种形式，生物质进行气化可制成燃料气体和合成气体，燃料气体用于发电，合成气体用来制成甲醇、汽油、生物柴油、其他生物燃料等液体燃料。可制成液体燃料，如甲醇、汽油、生物柴油、其他生物燃料等；还可制成碳化、半碳化等固体燃料。

10.2.3　生物质能的特点

生物质能的特点如表 10.3 所示。优点是：生物质能具有碳中性的特点，即动植物在生长过程中吸收空气中的二氧化碳，而燃烧时会排出二氧化碳，对地球来说二氧化碳的总量没有变化。另外可进行废物再利用，具有可再生、低污染、分布广、蕴藏量巨大等特点。缺点是：过度使用间伐材，可能造成森林破坏；使用玉米等食物可能引起粮食短缺等问题；收集资源需要一定的成本；能量密度低等。

表 10.3　　　　　　　　　　　　　　　　**生物质能的特点**

优点	缺点
碳中性	过度使用间伐材，可能造成森林破坏
可进行废物再利用	使用玉米等可能引起粮食短缺问题
自然能源、可再生	收集资源需要一定的成本
低污染	收集资源有时较困难
分布广泛、蕴藏量巨大	密度低

10.3　生物质能发电的种类及特点

生物质可通过物理转换(主要是直接燃烧)、生物化学转换以及热化学转换等技术转换成生物质能。生物质能发电是利用生物质所具有的生物质能进行发电。生物质能发电有多种形式，主要有直接燃烧发电、生物化学转换(沼气等)发电、热化学转换发电等。其中热化学转换发电包括气化发电、热分解发电等。当然，根据所使用的燃料、能源转换方式的不同，其发电原理也不尽相同。

10.3.1　生物质能发电的种类

根据生物质能转换方法的不同，生物质能发电主要分为固体发电和气体发电。固体发电利用直接燃烧生物质所产生的蒸汽，通过汽轮机驱动发电机发电；生物质还可以直接与煤混合后燃烧，利用燃烧所产生的蒸汽发电，提高发电效率，称为生物质混合燃烧发电。

气体发电利用将生物质进行热分解制成的可燃气体，通过燃烧所获得的热能使燃气轮机等驱动发电机发电；也可将生物质气化产生的燃气与煤混合燃烧，产生的蒸汽送入汽轮发电机组发电；还可将生物质进行发酵，燃气发动机利用产生的沼气发电；除此之外，可通过利用微生物发酵的方法制成生物氢气，供燃料电池发电。

　　生物质能发电是以生物质及其加工转换成的固体、液体、气体为燃料的热力发电，所使用的发动机可以根据燃料的不同、温度的高低、功率的大小分别采用燃气轮机、汽轮机以及燃料电池等。

10.3.2　生物质能发电的特点

　　(1)生物能发电需要进行生物质能的转换，必须安全可靠、维修保养方便；
　　(2)当地生物资源发电的原料必须具有足够的储存量，以保证持续供应；
　　(3)发电设备的装机容量一般较小，且多为独立运行的方式；
　　(4)可作为分布电源使用；
　　(5)利用当地生物质能资源就地发电、就地利用，不需外运燃料和远距离输电，适用于居住分散、人口稀少、用电负荷较小的农牧区及山区；
　　(6)生物质能发电所使用的能源为可再生能源，污染小、清洁卫生，有利于环境保护。

10.4　生物质能发电系统

　　根据生物质能的转换方法的不同，生物质能发电主要分为固体发电和气体发电。固体发电利用直接燃烧生物质所产生的蒸汽，通过蒸汽轮机驱动发电机发电，也可在火力发电中，以生物质为主要燃料，与轻油、低硫磺重油、煤炭等辅助燃料进行混烧，利用燃烧所产生的蒸汽发电，提高发电效率。而气体发电是将生物质进行热分解制成可燃气体，通过燃烧可燃气体所获得的热能使燃气轮机等驱动发电机发电。也可将生物质进行发酵产生甲烷气，燃气发动机利用产生的甲烷气体发电。除此之外，可通过利用微生物发酵的方法制成生物氢气，供燃料电池发电。

10.4.1　直接燃烧发电系统

　　如前所述，生物质能发电所需能源可通过直接燃烧、生物化学转换以及热化学转换等方法获得。根据生物质转换为生物质能方法的不同，生物质能发电系统可分为利用固体燃料的直接燃烧发电系统和利用气体燃料的发电系统等。

　　图 10.1 为利用生物质能的直接燃烧发电系统的概念图。图 10.2 为直接燃烧发电系统的构成。该系统主要由锅炉、汽轮机、发电机、凝汽器等构成。其工作原理是：将木材、树皮等原料进行干燥、粉碎，然后通过锅炉燃烧产生蒸汽，使汽轮机运转带动发电机发电，称这种发电方式为直接燃烧发电。利用垃圾等废弃物发电一般采用这种发电方式。

　　直接燃烧发电由于使用木材等生物质，1kg 的木材燃烧所产生的热量约为 4500kcal，发热量较低。一般来说发电规模越大则发电效率越高。1MW 级的发电效率在 10% 以下，10MW 级的发电效率在 15% 左右，所以在发电使用的生物质资源较丰富的地方，应尽可能建造规模较大的发电站。

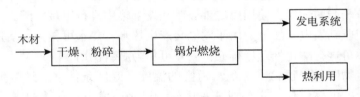

图 10.1　直接燃烧发电系统概念图

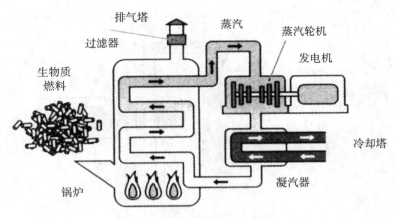

图 10.2　直接燃烧发电系统构成

10.4.2　生物化学转换发电系统

生物化学转换发电系统主要指利用甲烷发酵技术制成的甲烷进行发电的发电系统，而利用乙醇发酵技术所产生的乙醇，作为燃料主要供汽车使用。这里主要介绍利用甲烷的发电系统。

如前所述，生物化学转换发电主要利用甲烷（沼气）发电。如图 10.3 所示为利用甲烷发电的系统概念图，10.4 为甲烷发电系统的构成。该系统主要由发酵罐、燃气轮机、发

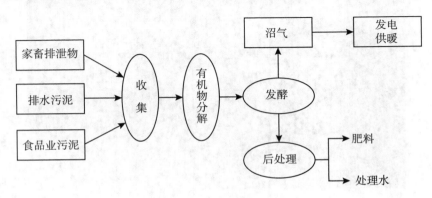

图 10.3　甲烷发电系统概念图

电机等构成。从发酵到发电的过程是：收集家畜排泄物、排水污泥、食品业污泥等，将有机物分解成低分子脂肪酸等，使用甲烷生成菌在发酵罐中进行甲烷发酵，燃气轮机利用产生的沼气做功，驱动发电机发电。由于发电会产生热水，热水可作为生活用水被利用，而对发酵后的液体可进行酸化处理后排放，固体可作为肥料使用。

　　沼气是由生物质（有机物）在无氧、适宜的温度、湿度条件下，经微生物发酵作用而生成的一种混合、可燃气体，主要成分是甲烷，可用于发电、作为热源供农家煮饭、照明等。

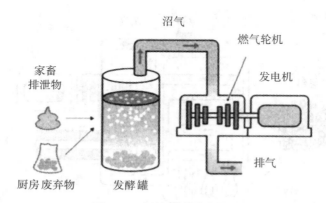

图 10.4　甲烷发电系统构成

　　图 10.5 为对厨房废物进行气化处理的系统，该系统对厨房废物进行甲烷发酵产生沼气，作为发电的燃料使用。一般包括：前期处理、甲烷发酵、利用沼气发电、后处理等过程。

图 10.5　厨房废物气化处理系统

在前期处理过程中，将厨房废物中的有机物以外的废物分离出去，对分离后的厨房废物进行粉碎并制成泥浆；甲烷发酵利用甲烷发酵方法，用甲烷生成细菌将厨房废物泥浆制成沼气；利用沼气时，由于沼气中含有硫化氢、氨气等微量不纯物，需要利用酸化铁、活性炭等进行脱硫，然后供燃料电池、燃气轮机、锅炉等使用。由于甲烷发酵后的液体中含有高浓度的有机物，需要对发酵后的液体进行后处理，使其在空气中被氧化，并进行净化后排入河流。

10.4.3 热化学转换发电系统

利用高温、高压等将生物质转换成气体燃料、液体燃料以及固体燃料的方法称为热化学转换。热化学转换发电主要利用热分解产生的液体、气体燃料进行发电，可分为液体燃料发电系统和气体燃料发电系统。

热化学转换方法是利用空气、氧气以及水蒸气等气化剂（工质）将木材等生物质原料进行热分解气化，制造液体燃料、气体燃料。图10.6所示为利用生物质气化剂制造液体燃料的过程。将生物质进行气化，制成合成气体，然后制成甲醇（可制成氢气）、汽油以及二甲基醚等。

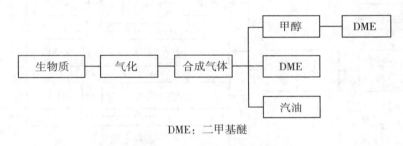

DME：二甲基醚

图10.6 生物质气化制造液体燃料的过程

甲醇是一种处在常温下的液体，储存、保管比较容易，它适应于远距离输送，也可通过水蒸气改质制造氢气，作为燃料电池车的燃料，将来也可在燃料电池发电中被广泛使用，在实现氢能社会中发挥很重要的作用。

图10.7为使用气体燃料的发电系统（使用燃气轮机）。该系统主要由熔化炉（产生可燃气体）、燃气轮机、发电机等构成。与直接燃烧发电系统不同，该发电系统通过气化炉将木屑等生物质转换成高品位的可燃气体（称之为生物质气化），然后驱动燃气轮机运转使发电机发电，最后，再利用发电后的热能产生的水蒸气，使蒸汽轮机工作并驱动发电机发电，使生物质能被重复使用。这种发电方式的特点是同时使用燃气轮机和蒸汽轮机，能源转换效率较高，气化率可达70%以上，热效率也可达85%，而且发电系统的结构比较紧凑。

图10.8为气体燃料发电综合系统。在气化炉中生物质在高温的作用下进行热分解，产生可燃性气体和合成气体，通过燃烧使锅炉产生蒸汽，推动蒸汽轮机运转，驱动发电机发电。除此之外，可燃性气体等也可供燃气轮机、燃气发动机以及燃料电池使用产生电

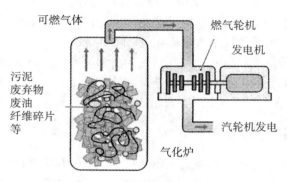

图 10.7 气体燃料发电系统

能。发电时所产生的热能也可进行再利用。该发电系统既可发电又可产生热能，可实现热电联供，提高生物质能的利用率。

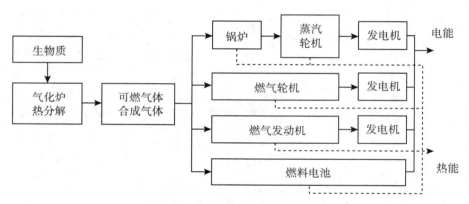

图 10.8 气体燃料发电综合系统

10.4.4 复合型发电系统

图 10.9 为复合型发电系统的构成，该系统主要由蒸汽轮机和燃气轮机等构成，燃气轮机所使用的气体来自煤气，燃气轮机发电后的排热温度可达 450~500℃。蒸汽轮机所使用的蒸汽来自两方面：一方面是来自通过燃烧炉燃烧可燃性废弃物所产生的蒸汽，蒸汽的温度可达约 250℃；另一方面是利用燃气轮机发电后的 450~500℃ 的排热温度。由于蒸汽轮机可同时利用这两种蒸汽，可提高蒸汽轮机组的发电效率和输出功率，可使发电效率由 25%~27% 提高到 35% 左右。

复合型发电系统与气体燃料发电系统的不同之处在于：在复合型发电系统中，燃气轮机所使用的燃料为煤气，发电后的排热温度可达 450~500℃，由于蒸汽轮机利用这部分排热，所以可以增加蒸汽轮机的输出功率，提高发电效率；而在气体燃料发电系统中，燃气轮机所使用的燃料为由生物质通过熔化炉转换而成的可燃气体，发电后的排热温度也低于

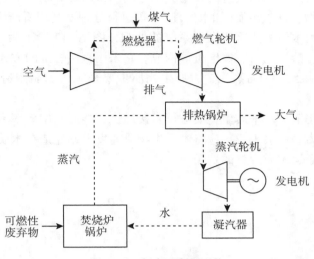

图 10.9　复合型发电系统

复合型发电系统的排热温度。

10. 5　生物质能发电应用

　　图 10.10 为利用生物质能进行发电的燃料电池发电系统，该发电系统利用厨房废弃物所产生的沼气作为发电能源。一般来说，1t 厨房废弃物可产生约 240Nm³ 的沼气，供燃料电池使用可产生约 520kW 的电能。

图 10.10　燃料电池发电系统

　　利用甲烷发酵所产生的沼气进行发电，除了利用厨房废弃物发电之外，还可对啤酒厂的废液，家畜的废物、排水污泥(如水处理厂)等进行处理，利用所产生的沼气发电。

　　图 10.11 为利用木质生物质能发电系统的外观，图 10.12 所示为发电系统内部设备。该系统主要由锅炉、蒸汽轮机、发电机等构成。它采用直接燃烧的方式，最大输出功率为 3000kW，每小时产生约 24t 的蒸汽，木质生物质主要来源于木船制造公司、木材制造公司等。

　　该发电系统使用锅炉对木质生物质进行直接燃烧，能源利用效率不太高，但具有大量处理木质废材的能力。一般来说，应将木质生物质能发电站建造在木质废材资源较多的地方，以减少远距离搬运木质废材的费用。

图 10.11   利用木质生物质能发电系统的外观

图 10.12   生物质能发电系统

　　城市垃圾的处理是一个世界性难题，垃圾发电可实现垃圾处理的减量化、无害化、资源化，不仅可以解决垃圾处理的问题，同时还可以回收利用垃圾中的资源。垃圾发电包括垃圾焚烧发电和垃圾气化发电，垃圾焚烧发电是利用垃圾在焚烧锅炉中燃烧放出的热量，并将水加热获取蒸汽，推动汽轮机旋转带动发电机发电。垃圾气化发电是利用垃圾在450°~640°温度下被气化所产生的气化燃料发电。

　　此外还有利用下水道淤泥进行发电的方式。这种方式是在无氧条件下将干燥后的淤泥加热到450℃左右，使50%的淤泥气化，并与水蒸气混合转变为饱和碳氢化合物，作为燃料供发电、锅炉等使用。

　　我国《生物质能发展"十三五"规划》提出，到2020年生物质能基本实现商业化和规模化利用，生物质能年利用量约5800万吨标准煤，生物质能发电总装机容量将达到1500万千瓦，年发电量将达到900亿千瓦时。到2025年之前，在可再生能源发电中，生物质能发电将占据重要地位，我国生物质资源非常丰富，生物质能发电产业前景广阔。

第11章 储能系统

可再生能源发电主要有太阳能、风力、水力、波能、潮汐能、温差能、地热以及生物质能发电等，虽然利用可再生能源发电有很多优点，但也存在一些问题，如随季节、时间、温度等的变化会出现输出功率变动、供给不稳定，发电受地域限制、剩余电能等问题。

随着可再生能源发电的应用与普及，输出功率变动和剩余电能等问题将严重影响电网的稳定和安全，如何应对输出功率变动、有效使用剩余电能已成为亟待解决的难题。为了减少或消除输出功率变动、剩余电能对电网的影响，有必要使用蓄电池等储能系统应对输出功率变动、削峰填谷、错峰用电，减轻或消除电网的频率、电压波动，提高电网的稳定性和安全性。

储能系统除了应对上述问题之外，还可用来储存电价便宜的夜间电能，减轻用户的负担，作为应急电源，保证发生地震、事故等时的用电等。另外，随着可再生能源利用的不断扩大，能源的输送、储存也变得越来越重要，因此大规模电力储存技术、储能系统必不可少。

本章主要介绍储能方式、铅蓄电池、锂电池、超级电容（EDLC）、抽水储能等储能系统的构成、原理、特点、应用等。

11.1 储能问题

由于受季节、天气、温度等环境因素的影响，太阳能光伏发电系统会出现夜间不发电、阴天时发电不足，晴天大量发电等工作状态，使系统的输出功率发生较大变动，一方面会影响负载的供电，另一方面会对电网的供电质量，如对电压、频率等造成较大的影响。除了太阳能光伏发电系统之外，风力发电、波浪发电、潮汐发电等也存在发电输出功率不稳定的问题。

11.1.1 太阳能光伏发电的输出功率变动

如上所述，太阳能光伏发电、风力发电、波浪发电、潮汐发电等均存在发电输出功率不稳定的问题。图11.1为太阳能光伏发电的输出功率变动情况。太阳能光伏发电系统的输出功率随季节、时间、天气变动，晴天时输出功率较大，阴天不仅输出功率较小，而且变动较大，而雨天输出功率很小，几乎不发电。晴天时由于太阳能光伏发电系统的输出功率较大，可能会出现向电网反送电的情况，其结果会使电网的配电线的电压上升，产生系统频率波动，甚至导致系统不能正常工作。为了避免这种情况出现，有必要使用储能系统以调整输出功率的变动。

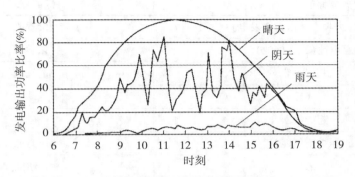

图 11.1 太阳能光伏发电的输出功率变动

11.1.2 日发电量、消费量以及蓄电池充放电的关系曲线

图 11.2 为太阳能光伏发电系统的日发电量、负载的消费量以及蓄电池充放电的关系曲线，昼间由于太阳能光伏发电系统的输出功率较大，而一般家庭的消费量较少，一部分剩余电能可由蓄电池存储；在傍晚或夜间，由于太阳能光伏发电系统不发电，这时蓄电池放电为负载供电。另外一部分剩余电能可卖电，这样可有效利用太阳能光伏发电系统产生的剩余电能，解决剩余电能问题。另外，当因发生地震、事故等导致电网停电时，蓄电池可作为备用电源使用为负载供电。

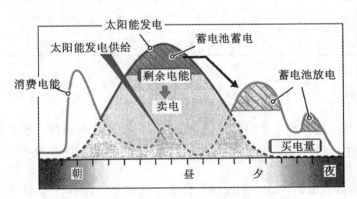

图 11.2 日发电量、消费量以及蓄电池充放电的关系曲线

11.2 储能方式

储能一般有位能、压力、运动、电气化学等方式，位能储能方式有抽水发电，压力储能有压缩空气方式，运动储能有飞轮方式，电气化学储能有蓄电池等，其他的储能方式有超级电容、超电导方法等。如表 11.1 为各种储能方式。

表 11.1   储能方式

储能装置	储能方式
蓄水(大坝、抽水蓄能发电)	位置能
蓄电池(二次电池)	化学能
超级电容	电气能
飞轮	运动能
超导线圈	电磁能
压缩空气能量	压力能
氢气	化学能

为了解决可再生能源发电输出功率不稳定、剩余电能等问题，目前，一般采用二次电池(铅电池、锂电池等)、NAS 电池(钠硫黄电池)以及抽水蓄能等方式，表 11.2 为各种蓄电池及特点。这里主要介绍铅电池、锂电池、超级电容以及抽水蓄能等储能方式。

表 11.2   各种蓄电池及特点

蓄电池的种类	特点
铅蓄电池	成本低、应用广、能量密度低、充放电效率低
NAS 电池(钠硫黄电池)	用于容量大的工厂、单位容量价格较低，高温动作消耗能源
锂电池	能量密度高、充放电效率高、成本高
镍氢电池	能量密度高、充放电效率高
氧化还原液流电池	能量密度低、成本低

11.2.1 铅蓄电池

蓄电池是一种电解质和电极材料进行化学反应的充、放电装置，放电时负极的金属被离子化，放出电子，离子经过电解质迁移至正极；充电时在所加能量的作用下，与放电时的过程相反。

图 11.3 为铅蓄电池的构成。主要由正极板、负极板、隔板、控制阀、正极以及负极等构成。铅蓄电池的负极使用铅材料(Pb)，正极使用二氧化铅材料(PbO_2)，电解质使用稀硫酸(H_2SO_4)。

铅蓄电池应用较多，其优点是价格便宜，动作温度范围较广，有较强的过充电特性，但缺点是充放电效率较低为 $75\% \sim 85\%$，在浅充电状态下，由于电极劣化会引起充电容量变小等问题。

11.2.2 锂电池

锂电池可分为锂金属电池和锂离子电池。锂金属电池的正极一般使用二氧化锰材料、

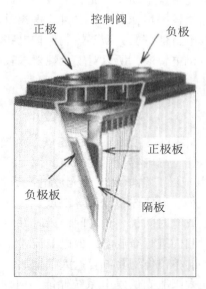

图 11.3 铅蓄电池的构成

负极使用金属锂或锂合金材料、电解液使用非水电解质溶液。锂离子电池的正极一般使用锂合金金属氧化物材料、负极使用石墨材料、电解液为非水电解质。

如图 11.4 所示为锂离子电池的构造，它是一种高能量密度电池。它由正极、负极、隔板以及电解液等构成，正极使用锂合金金属氧化物材料，负极使用炭材料，电极被安放在电解液中，电解液为有机电解液，它起促进两电极进行离子交换的作用。

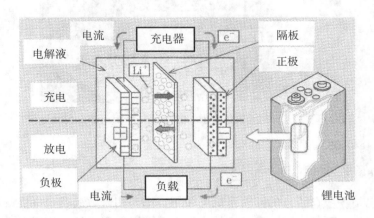

图 11.4 锂电池的构成

锂电池的工作原理是：在充电过程中正极放出锂离子，通过电解液后被负极吸收，放电时负极放出锂离子，通过电解液后被正极吸收。由于在充放电过程中以离子的形式存在，所以不会产生锂金属。

其优点是能量密度高，可在常温下动作，充放电效率较高，可达 94% ～ 96%，可快速充电，自放电小，放电电压曲线较平坦，寿命长，可获得长时间稳定的电能，容量大、设置面积小。其缺点是过充、放电特性较弱，需要控制保护电路，不适合于大电流放电的情况，成本较高，由于使用了有机电解液，所以对安全性要求较高。目前固态锂电池正在研发之中。

11.2.3　超级电容

超级电容（EDLC）的外形如图 11.5 所示，它由正极、负极、电解液以及隔板等构成。超级电容以静电的形式储存电能，静电容量可达 1000F 以上，可以瞬时提供电能，蓄电损失低，效率可达 95% 以上。由于没有化学反应，充放电次数可达 100 万次以上，寿命较长。但这种电容具有储能容量小、设置体积较大等缺点。

与蓄电池储存容量大、充放电时间长、长时间使用时性能变化较大等相比，超级电容具有储存容量小、可在极短时间内进行充放电，放电电流大，长时间使用时性能变化较小等特点。今后，如果超级电容的单位体积蓄电容量大幅增加，容量小的问题得到解决，它不仅可代替铅蓄电池，还可在太阳能光伏发电系统储能、电网的稳定供给、混合动力车、电动车等方面得到广泛应用。

图 11.5　超级电容

11.2.4　抽水蓄能

抽水蓄能电站一般在较大的储能系统中使用，主要用来解决剩余电能的问题。抽水蓄能电站由上蓄水池、下蓄水池、可变速抽水发电系统以及引水管等构成。抽水蓄能电站传统的使用方法是利用深夜核能发电、火力发电的剩余电能驱动电机，带动水泵将下蓄水池的水抽到上蓄水池，而当白天峰值负荷出现时，水轮机利用上、下蓄水池的落差运转，带动发电机发电，起调峰作用，并抑制火力发电的输出功率。

为了解决太阳能光伏发电系统的剩余电能、电网的运行稳定以及电能质量等问题，作者首次提出了在大型太阳能光伏发电系统中使用抽水蓄能电站的新方法，并研究了这些储存装置的设置地点，最佳容量等问题。在太阳能光伏发电系统中，抽水蓄能发电系统的工作原理与传统的原理相反，即当大规模或大型太阳能光伏发电系统集中并网及太阳光辐射较强时光伏发电系统的输出功率迅速增加，这时，可利用剩余电能驱动电机，带动水泵将下蓄水池的水抽到上蓄水池储存起来，而在傍晚或深夜水轮机则利用上蓄水池的水能做功，带动发电机发电，向负载供电。这一新方案不仅可解决剩余电能问题，也可代替核能、火力发电所承担的基荷部分的电能，从而逐步削减核能或火力发电等，大力普及可再生能源发电。

11.3　储能系统

储能系统一般可用于短时(瞬时)供给能量、长期供给能量的场合，有小型储能系统和大型储能系统之分，小型储能系统为家庭、大楼、运输等提供电能，而用于电网的抽水蓄能发电则为大型储能系统。储能系统可以在独立型、并网型以及地域型太阳能光伏发电系统中使用，也可在包括太阳能、风力、小水力发电、生物质能发电等可再生能源发电系统、智能微网、智能电网等系统中使用。

11.3.1　独立型

储能系统可在独立型(离网系统)太阳能光伏发电系统中使用，可利用蓄电池储能，用于救灾、停电时以及偏远地区负载的供电等。图 11.6 为带蓄电池的独立型太阳能光伏发电系统，它由太阳能电池、充放电控制器、蓄电池等构成。

在独立型太阳能光伏发电系统中，负载不使用电网的电能，只使用太阳能光伏发电系统所发出的电能，如果有剩余电能时则通过充电器向蓄电池充电，电能不足时蓄电池通过放电控制器为负载供电。负载可分为直流负载和交流负载，由于太阳能光伏发电和蓄电池的输出为直流电，因此可直接为直流负载供电；当对于交流负载，则需要通过逆变器将直流电转换成交流电为交流负载提供电能。

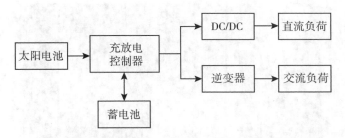

图 11.6　带蓄电池的独立型太阳能光伏发电系统

11.3.2　并网系统

并网型太阳能光伏发电系统一般不使用蓄电池等储能系统，近年来由于太阳能光伏发电系统大量普及,有可能给电网的电压、频率等造成不利影响,且发生地震灾害、电网停电事故等时有必要自备电源,还有需要进行峰荷移动、解决剩余电能储存等问题,所以在并网型太阳能光伏发电系统中使用蓄电池等储能系统越来越受到重视、并正在逐步应用。

带蓄电池的并网型太阳能光伏发电系统如图 11.7 所示。图中的功率控制器带有双向电能转换功能,它可将太阳能电池产生的直流电能转换成交流电能供交流负载使用,也可在太阳能光伏发电系统不发电或发电不足时,将来自电网的交流电能(特别是电费便宜的深夜电能)转换成直流电能,储存在蓄电池中或供负载使用。

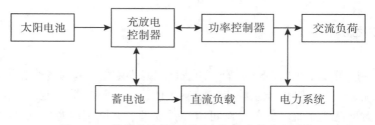

图 11.7 带蓄电池的并网型太阳能光伏发电系统

11.3.3 家用储能系统

家用储能系统是指在屋内设置的家用蓄电池储能系统,主要在发生地震灾害、停电时作为自备电源使用,除此之外,它可利用夜间价格便宜的电能进行充电,节省电费开支,还可利用可再生能源发电的电能为其充电等。

壁挂式家用储能系统的外形如图 11.8 所示,它由蓄电池、蓄电池管理系统(含保护和控制电路)、直交转换装置、与电网或太阳能光伏发电系统并网的并网装置等组成,可实现综合控制和管理。蓄电池可使用锂电池,也可使用超级电容等。家用储能系统有屋外式、屋内式以及壁挂式等种类,可放在屋外、屋内,也可挂在墙壁上,以节约空间。

图 11.8 家用储能系统

该储能系统具有如下特点。

(1)将家用储能系统接入电网,在峰荷时将夜间储存的电能送往电网以削减峰值;也可储存较便宜的夜间电能,利用昼夜间的电费差,降低家庭的用电量和电费。

(2)将家用储能系统接入太阳能光伏发电系统,根据太阳能光伏发电系统的发电量与家用电器的用电状况,由蓄电池储存剩余电能,控制家用储能系统,实现节能、削减二氧化碳排放的功能。

(3)也可储存太阳能光伏发电系统的剩余电能,减少剩余电能对电网的影响,使电力供需平衡。

(4)停电时家用储能系统可通过配电盘供电,作为紧急备用电源为家庭内的电器提供电能。

(5)在智能电网中使用时,可对家用储能系统的工作状态、使用情况等进行远控管理,与电网协调工作。

11.3.4 抽水储能系统

如图 11.9 所示,抽水蓄能电站由上蓄水池、下蓄水池、抽水发电系统(或可变速抽水发电系统)、大坝以及压力水管等构成。可变速抽水发电系统主要由水泵水轮机、发电电动机以及可变速励磁装置等组成,水泵水轮机可作为水泵运行,也可以作为水轮机运行,同样发电电动机可作为发电机运行,也可以作为电动机运行。可变速抽水发电系统可以对发电电动机的转速进行控制,改变水泵水轮机的转速以及抽水量,抽水运转时可根据系统的电力供需情况对发电电动机的输入功率进行微调。

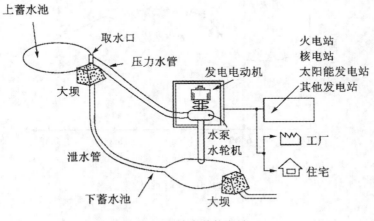

图 11.9 抽水蓄能电站

如前所述,当大规模或大型太阳能光伏发电系统并网时,可利用太阳能光伏发电系统的剩余电能驱动电动机,带动水泵将下蓄水池的水抽到上蓄水池;而在傍晚或深夜,水轮机则利用上蓄水池的水能带动发电机发电,向负载供电或承担基荷任务。

抽水蓄能发电具有启动、停止迅速,负荷跟踪性能好等特点。可在电能消费的峰荷时间以及大型电源出现故障时作为紧急电源使用。除此之外，利用抽水蓄能发电的新方法，利用包括太阳能光伏发电在内的可再生能源所产生的电能，不仅可将大量的剩余电能移至傍晚或深夜使用，减轻大量的剩余电能对电网的影响，还可承担基荷部分的电能，减少核能、火力发电的输出功率，节省发电用能源，大大降低火力发电时二氧化碳的排放，减轻对环境的污染。

11.4 储能系统的应用

蓄电池等储能系统的应用比较广泛，主要用于家庭、大楼、运输以及大规模储存等。在可再生能源发电系统中，蓄电池等储能装置构成的储能系统主要用于剩余电能的有效利用、峰荷补偿、频率波动补偿、不稳定电源的输出功率变动补偿等。

11.4.1 峰荷补偿

为了减少电力峰荷时的用电，可采取避开用电高峰时间的方法。另外，如果使用蓄电池，也可利用图 11.10 所示的方法削减峰荷(峰荷补偿)，在夜间当电力供给大于电力需求(电力负荷曲线)时，可将剩余电能(图中阴影部分)通过蓄电池充电储存，而在昼间的电力峰荷时利用蓄电池放电为电网输送电能，这样不仅可有效利用剩余电能，还可利用蓄电池的电能对峰荷进行补偿，以满足峰荷用电的需要。

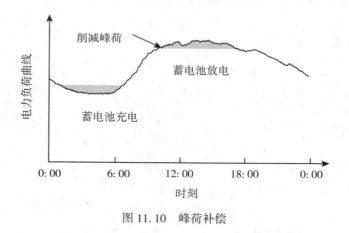

图 11.10 峰荷补偿

对供电侧来说，使用蓄电池不仅可减少对应峰荷的电力设备容量，减少投资成本，还可提高现有电力设备的利用率(可增加夜间的发电量)。而对用户而言，可利用夜间的低电价电能，节约支出。一般来说，家庭可用锂电池等，写字楼、工厂可使用 NAS 电池、氧化还原液流电池等。

11.4.2 频率波动补偿

在电网中,电力供需平衡与频率的稳定直接相关,一般采用负荷频率控制方法调整频率,即根据电网的频率变化推算发电量,中控室发出控制指令调整发电机的输出功率,使频率保持稳定并处在规定的范围之内。

在可再生能源发电系统中,可使用蓄电池等储能系统,当频率变化时,蓄电池可在变更输出功率的控制指令下进行快速响应,使供求处于平衡状态。图 11.11 为抑制频率波动用储能系统。该储能系统使用大型蓄电池,容量为 20MWh,利用蓄电池的充放电,达到抑制频率波动的目的。

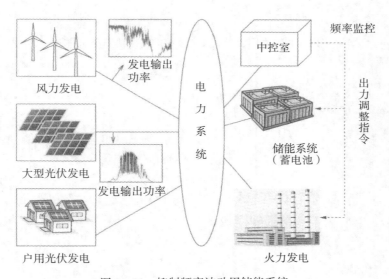

图 11.11 抑制频率波动用储能系统

11.4.3 不稳定电源的输出功率变动补偿

太阳能光伏发电、风力发电等利用可再生能源发电,发电不需要燃料,清洁、无污染。但由于风力发电的输出功率与风速、太阳能光伏发电的输出功率与太阳的辐射强度等气象条件密切相关,输出功率变动较大,很难准确预测。随着可再生能源发电的应用和普及,发电输出功率将不断增加,有可能成为电力供需平衡崩溃、频率波动增大的原因。

使用蓄电池、抽水蓄能等储能系统对太阳能光伏发电、风力发电等可再生能源发电输出功率不规则变动部分进行补偿是解决电力供需平衡、频率波动等问题的有效方法之一。图 11.12 为调整太阳能光伏发电系统输出功率变动的系统构成,其原理是监测太阳能光伏发电的输出功率变动部分(图中左侧的输出功率),给蓄电池发出逆向输出功率的指令,对太阳能光伏发电系统的输出功率变动部分进行补偿(图中右侧的输出功率),以达到减少输出功率变动的目的。

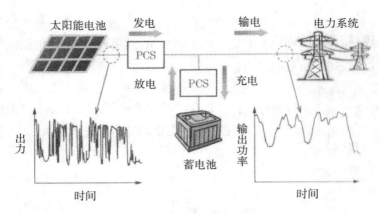

图 11.12 太阳能光伏发电系统的输出功率变动抑制

第 12 章　可再生能源发电系统

随着太阳能光伏发电等可再生能源发电的应用与普及，大量可再生能源发电系统接入传统电网会导致电网出现电压升高、频率波动、谐波以及供需平衡等问题。针对上述问题，著者曾于 1997 年提出了"地域并网型太阳能光伏发电系统"的概念，被称之为微网的雏形，后来相继出现了微网、智能电网等概念。

在地域并网型太阳能光伏发电系统中，各负荷、太阳能发电站以及电能储存系统等直接与地域配电线相连，然后在某处接入电网的配电线。该系统可减少与电网间的买、卖电量，在地域内可有效利用太阳能光伏发电的剩余电能，可解决并网点的电压上升、频率波动等问题，提高电网的稳定性和安全性。

本章主要介绍由可再生能源发电站、电能储存系统、并网保护装置、控制管理系统等构成的可再生能源发电系统，包括地域并网型太阳能光伏发电系统、智能微网、智能电网等基本概念、构成、特点以及应用等。

12.1　地域并网型太阳能光伏发电系统

12.1.1　传统的太阳能光伏发电系统

传统的太阳能光伏发电系统如图 12.1 所示，该系统主要由太阳能电池、逆变器、控制器、自动保护系统、负荷等构成。其特点是各太阳能光伏发电系统直接与电网的低压配电线并网，各太阳能光伏发电系统的剩余电能直接送往电网（称为卖电），当各负荷所需电能不足时，直接从电网得到电能（称为买电），各太阳能光伏发电系统之间不能直接进行电能融通。

对于太阳能光伏发电系统比较集中的地域，晴天时所发出的电能大量送往电网，会造成电网的电压、系统频率波动，严重时影响供电质量。

传统的太阳能光伏发电系统存在如下的问题：

（1）孤岛运行问题

所谓孤岛运行问题，是指当电网的某处出现事故时，如果该处接有太阳能光伏发电系统，太阳能光伏发电系统的电能会流向该处，有可能导致事故处理人员触电，严重情况下会造成人身伤亡。

（2）电压上升问题

由于大量的太阳能光伏发电系统与电网集中并网，晴天时太阳能光伏发电系统的剩余电能会同时送往电网，使电网的电压上升、频率波动，导致供电质量下降。

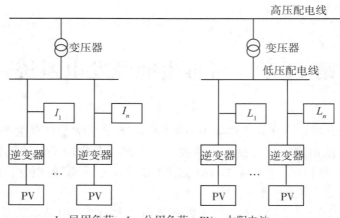

I：民用负荷　L：公用负荷　PV：太阳电池

图 12.1　传统的太阳能光伏发电系统

(3)太阳能发电的成本问题

目前，太阳能发电的价格高是制约太阳能发电普及的重要因素之一，如何降低成本是人们关注的问题。

(4)负荷均衡问题

为了满足供电峰荷的需要，必须相应地增加发电设备的容量，但这样会使设备投资增加，很不经济。同时存在如何有效利用太阳能光伏发电的剩余电能的问题。

12.1.2　地域并网型太阳能光伏发电系统

为了解决上述问题，著者曾提出了地域并网型太阳能光伏发电系统。如图 12.2 所示，图中的虚线部分为地域并网型太阳能光伏发电系统的核心部分。各负荷、太阳能发电站以及电能储存系统直接与地域配电线相连，然后通过系统并网装置在并网点接入电网的高压配电线。

太阳能发电站可以设在某地域内建筑物的屋顶、墙面等处，如学校、住宅等的屋顶、闲置空地等处，太阳能发电站、电能储存系统以及地域配电线等设备可由独立于电网的第三者(公司)建造并经营。

地域并网型太阳能光伏发电系统的特点是：

(1)太阳能发电站(可由多个太阳能光伏发电系统组成)发出的电能首先通过地域配电线向地域内的负荷供电，有剩余电能时，电能储存系统先将其储存起来，若仍有剩余电能则卖给电网；太阳能发电站的输出功率不能满足负荷的需要时，先由电能储存系统供电，仍不足时则从电网买电。这种并网系统与传统的并网系统相比，可以减少买、卖电量，太阳能发电站发出的电能可以在地域内得到有效利用，可提高太阳能光伏发电系统产生电能的利用率。

(2)地域并网型太阳能光伏发电系统通过系统并网装置(内设有开关等)与电网相连。

146

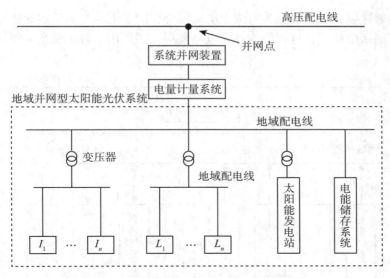

图 12.2 地域并网型太阳能光伏发电系统

当电网的某处出现故障时，系统并网装置检测出故障，并自动断开开关，使太阳能光伏发电系统与电网分离，防止太阳能光伏发电系统的电能流向电网，有利于检修与维护。因此这种并网系统可以很好地解决孤岛运行问题。

(3)因为地域并网型太阳能光伏发电系统通过系统并网装置与电网相连，所以只需在并网处安装电压调整装置或使用其他方法，就可解决由于太阳能光伏发电系统同时向电网送电时所造成的系统电压上升、频率波动等问题;

(4)由上述的特点可知，与传统的并网系统相比，太阳能光伏发电系统的电能首先供给地域内的负荷，若仍有剩余电能时则由电能储存系统储存，因此，剩余电能可以得到有效利用，可以大大降低成本，有助于太阳能发电的应用与普及;

(5)负荷均衡问题。由于设置了电能储存装置，可以将太阳能发电的剩余电能储存起来，在电网出现峰荷时，电能储存装置可向负荷提供电能，因此可以起到均衡负荷的作用，从而大大减少调峰设备，节约投资。

12.2　地域并网型可再生能源发电系统

图 12.3 为地域并网型可再生能源发电系统，它是在地域并网型太阳能光伏发电系统的基础上扩展而成的，即在前述的地域并网型太阳能光伏发电系统中引入了风力发电、生物质能发电、小型水力发电(如果有水资源)、燃料电池发电等可再生能源发电。该系统由发电系统、氢能制造系统、电能储存系统、负载以及电动车充电等构成。该系统也可以不与电网并网而独立运行，也可根据需要接入电网。

发电系统包括太阳能光伏发电、风力发电、小型水力发电、燃料电池发电、生物质能发电等;负载包括医院、学校、公寓、写字楼等民用、公用负荷;氢能制造系统用来将地域内的剩余电能转换成氢能，当发电系统所产生的电能和电能储存系统的电能不能满足负载的需要时，通过燃料电池发电为负载供电。另外，随着电动车的应用和普及，可将电动车作为电能存储系统使用，也可作为补充电源使用，还可用于解决剩余电能问题。

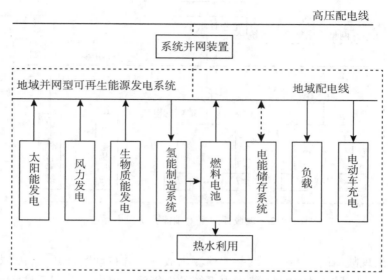

图 12.3　地域并网型可再生能源发电系统

地域并网型可再生能源发电系统具有如下特点：

（1）与传统的发电系统相比，地域并网型可再生能源发电系统由太阳能发电、风力发电等可再生能源发电构成。

（2）由于使用可再生能源发电，因此不需要其他的发电用燃料。

（3）由于使用清洁的能源发电，因此不会破坏生态环境。

（4）可独立运行，实现自产自销，也可与电网并网运行。

（5）氢能制造系统的使用一方面可以使地域内的剩余电力得到有效利用，另一方面可以提高系统供电的可靠性、安全性。

一般来说，地域并网型可再生能源发电系统与电网相连可以提高供电的可靠性、安全性。但由于该系统有氢能制造系统和燃料电池以及电能储存系统，因此，需要对地域并网型可再生能源发电系统中的各发电系统的容量进行优化设计，并对整个系统进行最优控制，以保证供电的可靠性、安全性。

随着我国经济的快速发展，对能源的需求越来越大，能源的迅速增加与环境污染的矛盾日益突出，因此清洁、可再生能源的应用是必然趋势。可以预见，地域并网型可再生能源发电系统与大电网同时共存的时代必将到来，这将使现在的电网、电源结构等发生很大的变化。

12.3　直流系统

一方面，当可再生能源发电、燃料电池发电、蓄电池等产生的直流电能与交流配电系统并网时，需要通过逆变器将直流电能转换成交流电能，电力公司为家庭等用户的交流负载提供交流电能；另一方面，许多家用电器，如变频空调等是在其内部将交流电能转换成直流电能使用，如果使用可再生能源发电、燃料电池发电、蓄电池等产生的直流电能时则需进行二次转换，在转换过程中会产生电能损失。

对于安装可再生能源发电、燃料电池发电、蓄电池等的用户来说，由于家庭使用的是交流负载，所以需要通过逆变器将直流电能转换成交流电能，因此在电能转换的过程中会产生电能损失。

随着 LED 照明、直流电视、直流冰箱等直流家电的逐步应用，将来有望直接使用可再生能源发电等所发直流电能，这样不仅可省去电能转换，节省大量的电能，还可省去逆变器等转换装置，使系统成本降低，有利于可再生能源发电的应用和普及。特别是随着信息化社会的急速发展，IT 领域的直流电能消费量也在急剧上升，直流化技术的研发和应用值得期待。

现在的户用并网型太阳能光伏发电系统中一般未使用蓄电池等电能储存系统，而是将剩余电能直接送入电网，当太阳能光伏发电系统高密度、大规模普及时将会对电网的稳定、供电质量等产生较大影响。另外，考虑到发生地震等自然灾害、电网停电等时，有必要安装蓄电池等备用电源，而蓄电池的充放电使用的是直流电能。

为了解决以上问题，著者在曾提出的交流地域并网型太阳能光伏发电系统的基础上，又提出了直流地域并网型太阳能光伏发电系统、太阳能发电直流系统、直流地域配电线以及带蓄电池的太阳能光伏发电系统等，这些直流系统具有节能、有效利用剩余电能、降低蓄电池容量以及二氧化碳减排效果显著等特点，将来有望得到广泛应用和普及。本节将介绍直流地域并网型太阳能光伏发电系统和太阳能发电直流系统等。

12.3.1　直流地域并网型太阳能光伏发电系统

图 12.4 为著者提出的直流地域并网型太阳能光伏发电系统的构成。该系统由太阳能光伏发电系统、直流地域配电线、直交功率转换器、储能系统以及负载等构成。直流地域配电线由独立的电力企业设置，在各户用太阳能光伏发电系统中设置了带蓄电池的储能系统，各太阳能光伏发电系统直接与直流地域配电线相连，然后整个直流太阳能光伏发电系统在并网点接入电网。

在直流地域并网型太阳能光伏发电系统中，与直流地域配电线相连的各太阳能光伏发电系统之间可进行电能融通、互补，即地域内的某用户有剩余电能时可通过直流地域配电线为电能不足的家庭提供电能，地域全体电能不足时则由电网补充；相反，地域全体有剩余电能时则由蓄电池储存，如果超过蓄电池的储存容量则反送至电网。可见，在直流太阳能光伏发电系统中各太阳能光伏发电系统之间通过地域配电线可进行直流电能融通、互补，并有效利用太阳能光伏发电系统所发电能，减少与电网的电能交换，从而减少或避免对电网的影响。

在这种直流太阳能光伏发电系统中，太阳能电池所发直流电能直接供给直流负载，不需要进行直交转换，可减少电能损失，与现在的太阳能光伏发电系统相比电能损失较小。作为交流负载向直流负载的过渡，这里保留了交流负载，并使用逆变器将直流电能转换成

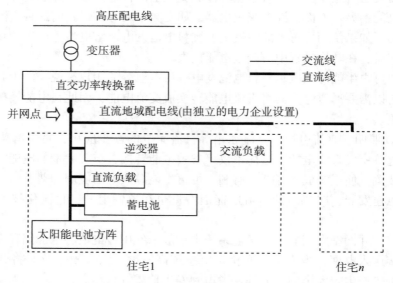

图 12.4　直流地域并网型太阳能光伏发电系统

交流电能供交流负载使用。如果将来家庭全部使用直流家电，则可省去逆变器及交流负载部分。

12.3.2　直流可再生能源发电系统

图 12.5 为著者提出的直流可再生能源发电系统的构成。该系统由太阳能光伏发电站、风力发电站(采用直流发电机)、电能储存系统、燃料电池、氢能制造系统、DC/DC 电能变换装置、直流开关、直流线、直流负载(电动车、电动摩托车、电动自行车)等组成。直流负载可直接利用可再生能源产生的电能，可对剩余电能进行储存或转换。

直流可再生能源发电系统具有不依赖电网、可实现自产自销、独立供电，没有电能二次转换，电能损失小、成本低、管理、维护方便，可减少环境污染等。

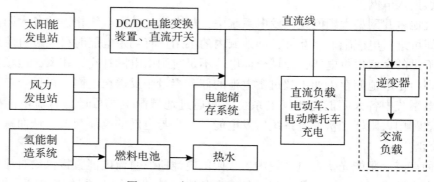

图 12.5　直流可再生能源发电系统

12.4　智能微网

智能的含义是指进行合理分析、判断、有目的的行动和有效地处理问题的综合能力，是多种才能的总和，或称为智慧和能力的总和。智能微网是指由分布式电源、储能装置、能量转换装置、相关负荷和监控、保护装置汇集而成的小型系统，是一个能够实现自我控制、保护和管理的独立系统。微网可被视为小型电网，又称微电网，它可以实现局部的功率平衡与能量优化。

12.4.1　智能微网的构成

智能微网如图 12.6 所示，它是一种具有能量供给源和消费设施组成的小规模能源网，由电源、负载、蓄电装置、供热以及能源管理中心等构成。电源主要由太阳能发电、风力发电、生物质能发电、燃料电池以及蓄电装置等分布式电源构成。负载主要有医院、学校、公寓、办公大楼等。蓄电装置可使用铅蓄电池、锂电池等。智能微网可与电网在某点并网，也可独立运行。能源管理中心用来对供需进行最优控制、对整个系统进行管理。

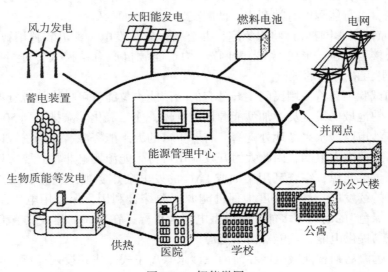

图 12.6　智能微网

12.4.2　智能微网的特点

在智能微网中，一般使用太阳能、风能等可再生能源发电、微型汽轮机发电以及蓄电池等，由于太阳能、风能等的发电输出功率容易受环境、气候等影响，导致发电输出功率出现较大波动，所以需要使发电与住宅、办公室、学校等负载之间的供需达到平衡。由于在智能微网中使用 IT 等技术对整个系统进行最优控制和管理，因此可使供需平衡达到最佳，并保证电网运行安全、可靠。

另外，在用户一般装有智能电表，它具有通信和管理的功能，可向电力公司实时传送用电消费量等信息，电力公司可得到有关用户的用电情况，为可靠、安全供电提供决策。

智能微网与现有的电网无关，不依赖现有的大规模发电所的电能，是一个独立的小型电网。智能微网在一般情况下不与电网连接，但在有传统电网的地方，为了提高智能微网供电的可靠性和安全性，也可与电网连接，但主要靠智能微网本身供电。

12.4.3　智能微网的应用

目前，除了我国在海南三沙永兴岛建成的首个远海岛屿智能微网之外，智能微网还处于研究、试验阶段，我国在江西共青城市等地正在进行智能微网的试验研究。美国和西班牙等国的智能微网也在试验研究中。日本经济产业省已经选定横滨市、丰田市、京都府（京阪奈学园都市）以及北九州市作为智能能源系统试验地区，即新一代能源社会系统试验地区。

横滨市将安装 27MW 的太阳能光伏发电系统，将 4000 户住宅及大楼智能化，以证实电力、热地域能源系统与大规模网络的互补关系。除此之外将投入 2000 台新型汽车用于研究新一代交通系统，对未来城市模式进行研究。

丰田市的二氧化碳减排目标是家庭为 20%，交通为 40%，将与当地的大型企业以及地方团体协商，进行能源的有效利用、低碳交通系统方面的研究。

京都府（京阪奈学园都市）将在家庭、办公楼内安装发电、蓄电装置用智能控制系统，以家庭、办公楼为单位，形成"纳米微网"。构筑能源自产自销模式，进行"地域纳米微网"与"大电网"互补方面的试验。

北九州的试验项目将使用民间主导已有的太阳能、氢能等可再生能源资源，实现以智能微网为核心的地域居民全员参加型能源地域管理，使二氧化碳减排达到 50% 以上。

我国的三沙市西沙永兴岛地处南海，有着丰富的太阳能资源、风能资源以及海洋能资源，加之该岛远离南方电网，因此大力开发应用可再生能源发电非常必要。该岛将充分利用太阳能等可再生能源，综合利用柴油或 LNG 的发电余热实现冷、热联供，实现微网供电与供能的可持续发展，最大限度地促进能源资源综合利用，保障用电。以建设"智能、高效、可靠、绿色"的岛屿型多能互补微型电网为目标，在永兴岛建成具有海岛特色的智能微网，为该岛提供电能、热能等清洁能源。

我国首个远海岛屿智能微电网在海南三沙永兴岛正式建成并投入运行，可全部利用太阳能光伏发电等清洁能源，未来还可以灵活接入波浪能、可移动电源等多种新能源。

永兴岛智能微电网可通过海底光纤接受 400 多公里外的海南岛电力指挥中心的调控，使供电可靠性达到城市电网水平。永兴岛电网将成为海岛微电网群的控制中心，对多个边远海岛微电网进行远程集中运行管理。

我国江西共青城市正在以服装、旅游以及高技术为重点推进城市的发展。随着人口的增加，各种基础设施的建设，能源消费量也在不断增加，为了对整个地域进行协调以实现能源配置的最优化、城市的发展以及环保目标，江西共青城市正在推行智能微网系统。

图 12.7 为江西共青城市的智能微网。该智能微网主要由太阳能光伏发电、蓄电池等构成的分布式电源，由住宅、写字楼、大学、工厂等构成的负载，智能微网综合管理系统

以及电动巴士充电管理系统等构成。主要目标是实现可再生能源发电的应用和普及，住宅、大楼等负载的节能，地域协同动作实现高效运转以及交通的高效便捷运行。

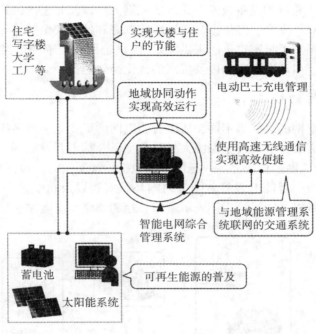

图 12.7　智能微网

12.5　智能电网

现在的电网由大型发电站单向为用户提供电能，根据负荷需要对发电机的输出功率进行控制，使供需达到平衡。但当随季节、气候以及时间带不同，输出功率波动的太阳能光伏发电、风力发电等大量接入电网时，现在的实时跟踪负荷并对供给进行调整的控制方法则无法满足电网的要求。

在智能电网中，当电力供给过剩时可进行储存，或告知用户，当供给不足时可由蓄电池供电，或通知不急于用电的用户减少或停止用电，根据供需双方的信息进行自动控制，使电网稳定、安全运行。

12.5.1　智能电网的定义

智能电网的概念源于电力市场的多样化以及由太阳能等可再生能源发电构成的分布式电源的大量使用。由于各国的送配电网与各国的国情、地域、历史、电能供需以及存在的问题等有关，所以各国的智能电网定义的内涵不尽相同。智能电网所涉及的内容主要包括：①大幅节能、二氧化碳减排目标、引入大规模可再生能源；②确保各需要地点、地域级的能源管理；③构筑地域能源与大规模系统网络的互补关系；④新一代汽车、铁道用交通系统以及生活方式的革新，实现的可能性，适用的可能性以及先进性等。

　　智能电网就是电网的智能化，它建立在集成、高速双向通信网络的基础上，通过先进的传感和测量技术、先进的设备技术、先进的控制方法以及先进的决策支持系统技术的应用，实现电网的可靠、安全、经济、高效、环境友好和使用安全的目标，其主要特征包括自愈、激励和保护用户、抵御攻击、提供满足 21 世纪用户需求的电能质量、容许各种不同发电形式的接入、启动电力市场以及资产的优化高效运行。

12.5.2　智能电网的构成

　　由于使用智能电网的目的等不同，所以智能电网的形式也多种多样，主要有提高可靠性强化型、高增长需要型、可再生能源大量普及型以及都市开发型等。

　　图 12.8 为智能电网的构成之一。智能电网包括传统型发电、可再生能源发电、负载、控制系统、控制中心、智能电表等。图中内圈环状实线以及粗线箭头表示电力线路、流向，而外圈环状实线以及细线箭头则表示通信、控制线路。发电站包括传统型发电以及可

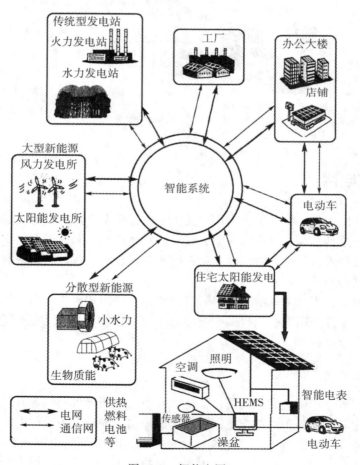

图 12.8　智能电网

再生能源发电两种类型，传统型发电主要有火力、大型水力发电站等，可再生能源发电有小水力、风力、生物质能、太阳能等发电站。用户主要有智能房、智能办公大楼、工厂以及电动车等负载。另外还有控制系统、控制中心等。

12.5.3 智能电网的特点

智能电网主要有以下特点：

(1)可有效利用可再生能源产生的电能。

(2)可对用户侧设置的可再生能源发电进行有效控制，有利于可再生能源发电的应用与普及。

(3)可方便对电动车的充放电进行管理，有利于电动车的应用与普及。

(4)可实现节能、峰荷平移。

(5)可方便地对送配电网进行诊断、防止停电，保证供电安全。

12.5.4 智能微网与智能电网

在图 12.9 中智能微网接入智能电网。整个系统主要由发电站(太阳能发电、风力发电等可再生能源发电)、智能电网、通信系统、控制系统、电能管理系统、用电管理系统、数据管理系统、智能电表、负载以及控制显示板等构成。电力消费包括家庭(含电动车充电)、工厂等负载。在智能电网中，发电、输电以及用户之间使用光纤连接，利用最新的电力技术和 IT 技术对电能的输送、分配、使用等进行最佳控制，使电网安全、可靠、高效运行，随着可再生能源发电的应用和普及，智能电网将发挥越来越重要的作用。

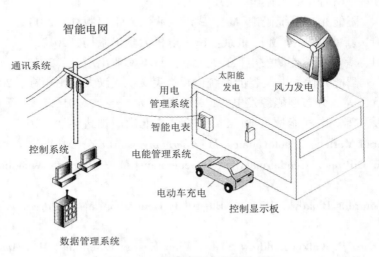

图 12.9 智能微网与智能电网

参 考 文 献

[1]〔日〕车孝轩.地域并网型太阳发电系统的构成方法[J].日本电气学会杂志,2000,120(2):110-118.

[2]〔美〕G Boyle. Renewable Energy[M]. 2nd ed. London:Oxford University Press,2004.

[3]〔日〕柳父.能源变换工学[M].东京:东京电机大学出版局,2004.

[4]〔日〕谷,等.太阳电池[M].东京:パフー社,2004.

[5]〔日〕谷,等.再生型自然能源利用技术[M].东京:パフー社,2006.

[6]崔容强,等.并网型太阳能光伏发电系统[M].北京:化学工业出版社,2007.

[7]〔日〕西泽,稻叶.能源工学[M].东京:讲坛社,2007.

[8]〔德〕R Wengenmayr. Renewable Energy—Sustainable Energy Concepts for the Future[M]. Weinheim:Wiley-VCH,2008.

[9]〔日〕日本工业调查会,最新太阳光发电[M].

[10]〔日〕日本大和总研环境调查部,新能源[M].

[11]〔日〕SoftBank Creative. 可再生能源[M].

[12]〔日〕SoftBank Creative. 太阳电池[M].

[13]车孝轩.太阳能光伏系统概论[M].武汉:武汉大学出版社,2011.

[14]〔日〕西川.新能源技术[M].东京:东京电机大学出版局,2013.

[15]〔日〕饭田,等.自然能源发电[M].东京:日本实业出版社,2013.

[16]车孝轩.太阳能光伏发电及智能系统[M].武汉:武汉大学出版社,2014.

[17]〔日〕野吕,等.分布型能源发电[M].东京:コロナ社,2016.

[18]〔日〕八坂,等.电气能量工学[M].东京:森北出版株式会社,2017.

[19]〔德〕Konrad Mertens. Photovoltaics[M]. *Germany*:WILEY,2014.

[20]〔美〕Ron DiPippo. Geothermal Power Generation[M]. *America*:Woodhead Publishing,2016.

[21]〔瑞士〕Gerardus Blokdyk. Biomass Electricity Generation[M]. *Switzerland*:5STARCooks,2018.

[22]〔美〕Richard P. Walker,Andrew Swift. Wind Energy Essentials[M]. *America*:WILEY,2015.